本丛书入选安徽省文化强省建设专项资金项目

饮食安徽

品读·文化安徽

许若齐　李丹崖　著

合肥工业大学出版社

图书在版编目(CIP)数据

饮食安徽/许若齐,李丹崖著. —合肥:合肥工业大学出版社,2015. 12
(品读·文化安徽丛书)
ISBN 978-7-5650-2611-9

Ⅰ. ①饮…　Ⅱ. ①许…②李…　Ⅲ. ①徽菜—菜谱　Ⅳ. ①TS972. 182. 54

中国版本图书馆 CIP 数据核字(2015)第 307287 号

饮食安徽

许若齐　李丹崖　著

责任编辑　权　怡　张　燕
出版发行　合肥工业大学出版社
地　　址　(230009)合肥市屯溪路 193 号
网　　址　www. hfutpress. com. cn
电　　话　总　编　室:0551-62903038
　　　　　　市场营销部:0551-62903198
开　　本　710 毫米×1010 毫米　1/16
印　　张　11. 75
字　　数　180 千字
版　　次　2015 年 12 月第 1 版
印　　次　2015 年 12 月第 1 次印刷
印　　刷　合肥众诚印刷有限公司
书　　号　ISBN 978-7-5650-2611-9
定　　价　36. 00 元

如果有影响阅读的印装质量问题,请与出版社市场营销部联系调换。

“品读·文化安徽”系列丛书

编　委　会

前　言

品读文化安徽，第一步就是“品”，从字形上看，品由三个口组成，但这个口不是指嘴巴，而是指器皿——三个器皿叠放在一起，用来形容事物或物品众多。

那么，关于安徽的众多器皿中，主要又盛放着什么呢？

一个盛着酒，一个盛着茶，一个盛着诗。

酒，是一种凛冽而火热的液体；茶，是一种清雅而悠长的液体。它们是对于大自然的高度抽象，同时也融入了人工创造的高度智慧。安徽既出名酒，又出名茶，这从一个侧面也体现了大自然对这块土地的垂青和爱怜，而生活在这块土地上的人们，把对于大自然的汲取和感恩，化作了丰美的生活浆液和丰盈的文化积淀。

从酒上面，能看到安徽的北方，看到一望无垠的平原，看到沉甸甸的金色收获，看到农夫晶莹的汗珠；更远一点的，还能看到大禹治水遗迹、安丰塘、江淮漕运等等伟大的水利工程，还能感受到花鼓灯的热烈、拉魂腔的高亢和花戏楼上载歌载舞的酣畅……

从茶上面，能看到安徽的南方，看到草木葱茏的丘陵，看到朦朦胧胧的如梦春雾，看到农妇藕白的巧手；更远一点的，还能看到粉墙黛瓦，看到那些像诗一样优美的民居建筑，感受到贵池傩舞的神秘、徽剧声腔的精致和黄梅戏的婉转……

这些土地、这些物产，又怎能不吸引诗人呢？

于是曹操、曹植来了，嵇康、谢朓来了，李白、杜牧、刘禹锡来了，欧阳修、王安石、苏东坡来了，梅尧臣、姜夔、徐霞客来了……如果有心，可以绘制一幅安徽诗歌地图，定格一座座在中国诗歌史上意义显赫的风景重镇：

教弩台、敬亭山、浮山、齐云山、褒禅山、秋浦河、采石矶、杏花村、陋室、颍州西湖、醉翁亭、赤阑桥……那些被歌咏过的一山一水、一草一木，都闪烁着别样的光芒。

诗是灵魂的高蹈和想象力的释放，张扬的是一种逍遥洒脱的个性。诗人们是近于道家的，嵇康和李白，干脆自认为老庄的传人。而老庄及其道家哲学，正是安徽这块土地上结出的思想文化硕果。

道家太出世，则需要入世的儒家来中和。从经世致用的角度说，儒家思想，往往是一股“天行健，君子以自强不息”的正能量。

管仲和孙叔敖，出自安徽的春秋两大名相，他们的政治实践，给了同时代的孔子极大的影响；战国时的甘罗和秦末汉初的范增、张良，以其超凡的智慧与谋略，成为后世文臣的标杆；三国时的周瑜、鲁肃和南宋时的虞允文，分别因为赤壁大战和采石矶大捷而一战成名，他们是敢于赴汤蹈火的书生，也是运筹帷幄的儒将；两宋时期，程朱理学从徽州的青山绿水间兴起，最后成为几个朝代的官方思想和意识形态；明清之际，儒医和儒商，几乎同时在徽州蔚为大观，从“不为良相，即为良医”的新安医学代表人物和诚信勤勉的徽商典范身上，我们能够感受到一股清朗上进的儒雅之风；到了风起云涌的近代，李鸿章及其淮军将领，走的仍然是“儒生带兵”的路子，至少在其初期，洋溢着奋发有为的气概。李鸿章对于近代化孜孜不倦的追求，刘铭传对于祖国宝岛的守护和经营，段祺瑞对于共和政体的倾力捍卫，都是中国近代史上浓墨重彩的一笔……

酒、茶、诗、儒，是关于安徽的四大意象，也是安徽人精神的四个侧面，除此之外，安徽人的精神还包括什么呢?

显然，还包括勤劳、善良、淳朴、坚忍、进取等中华民族的诸项精神特质，还有最重要的一项就是——创新。

创新，从远古人类那时就开始了。最早的器物文明——和县猿人的骨制工具，最早的城市雏形——凌家滩，最早的村落——尉迟寺，等等，无不显示了先民的伟大创造。

创新，从司法鼻祖皋陶那里就开始了。他创造性地建构了中国古代最早的司法体系，最先开始弘扬“依法治国”的理念，而两千年后的北宋包拯，则承袭了这种朴素的法治精神。

创新，从大禹、管仲、孙叔敖、曹操、朱熹、朱元璋等政治家那里就开始了。大禹"堵不如疏"的崭新思路，是中国古代政治智慧中的重要因子；管仲的"仓廪实而知礼节"的先进思想，显示了他对于物质文明和精神文明的双重重视；孙叔敖关注民生的呕心沥血，曹操"唯才是举"的不拘一格，朱熹对于古代赈济体系的精心构筑，朱元璋对于封建制度的精心设计，也都开创了中国古代政治文明的新局面。

创新，也是文化巨擘的应有之义。从道家宗师老庄、理学宗师程朱，到近代现代哲学大师胡适、朱光潜；从率先融合儒释道三家的"睡仙"陈抟，到打通文理、博览百科的"狂生"方以智；从开创中国第一所"官办学校"的汉代教育家文翁，到现代平民教育的倡导者陶行知；从"建安风骨""魏晋风度""桐城派"这三大文学家群体，到吴敬梓、张恨水这两位小说家典范；从探索中国画白描技法的"宋画第一人"李公麟，到与齐白石齐名的新安画派代表人物黄宾虹；从开创近代书法和篆刻新风的邓石如，到现代雕塑大家刘开渠；从力促徽剧上升为国剧的程长庚，到黄梅戏表演艺术家严凤英；从巾帼不让须眉的近代女才子吕碧城，到洋溢着中西合壁气派的女画家潘玉良……没有"吾将上下而求索"的探索精神，也就没有他们那震古烁今的文化创造。

创新，同样是科技巨匠的立身之本。淮南王刘安对于豆腐的"点石成金"，神医华佗对于外科手术和麻醉术的开创，兽医鼻祖元亨兄弟对于兽医这门全新学科的开拓，还有程大位、方以智的数理演算，梅文鼎、戴震仰望星空的眼睛，包世臣、方观承理论与实践相结合的农学著作，两弹元勋邓稼先的非凡壮举……正是沿着前所未有的轨迹，这一颗颗闪耀的"科星"才飞升在天宇。

创新，还是物质文明的重要助推器。从朴拙无华的凌家滩玉器，到堂皇无比的楚大鼎；从恢宏厚重的汉画像石，到精美绝伦的徽州三雕；从文人推重的笔墨纸砚，到民间珍爱的竹器铁艺；从唇齿留芳的皖北面食，到咀嚼英华的徽式大菜；从花戏楼、振风塔、百岁宫等不朽建筑，到西递、宏村、查济的诗意栖居；从至今仍然发挥着作用的"天下第一塘"安丰塘，到永载新中国水利史册的佛子岭水库；从铜陵的青铜冶炼，到繁昌窑的炉火；从熙来攘往的芜湖米市，到造出中国第一台蒸汽机、第一艘轮船的安庆内军械所……正是因为集合了无数人的灵感和汗水，才孕育了这一件件小而美好的小设计、小发明、小物件，才诞生了这一项项大而堂皇的大工程、大构造和大器具。

创新，更是红色文化的闪亮旗帜。陈独秀的《安徽俗话报》，激情燃烧的鄂豫皖革命根据地，艰苦卓绝的皖南新四军，被称为“世界战争史奇迹”的千里跃进大别山，“靠人民小车推出胜利”的淮海战役……这些都展示了革命者的勇敢无畏和锐意进取，凝结了革命者的高度智慧，也奏出了时代精神的最强音。

创新，也是我们这个改革开放的火热时代的主旋律。小岗村的“大包干”实践，“人造太阳”托卡马克的建造，现代化大湖名城的横空出世，白色家电业和民族汽车工业的崛起，中国科技大学同步辐射、火灾科学、微尺度物质科学这三大国家级实验室中所孵化出的最新成果，都成为安徽通往经济大省、科技大省和文化大省的一步步坚实的台阶……

正是因为有了创新精神，安徽这块土地才没有辜负大自然的恩宠，才开出了艳丽无比的物质文明和精神文明之花，堪与大自然的鬼斧神工相媲美。

“品读·文化安徽”系列丛书，共20册。每册从一个方面或一个领域入手，共同描绘出安徽从古到今不断演化、不断创新、不断发展的巨幅长卷。这20册书摆在眼前，仿佛排开了一个个精美的器皿，里面闪烁的是睿智与深情，是天地的精华与文明的荣光。

请细心地品，静心地读，然后用心地思索：我们今天该有什么样的创造，才能够匹配这天地的精华，才能延续这文明的荣光？

本丛书在策划、编辑、出版的过程中，得到了省内外许多专家学者的关心和支持，在此对他们表示衷心的感谢。同时，本丛书的部分著作中的若干图片和资料来源于网络，未及向创作者申请授权，祈盼宽谅；恳请有关作者见书后与出版社联系，以便奉寄稿酬及样书。

编委会

2015年10月

目录

一 皖北篇

二 皖南篇

一、皖 北 篇

吃 在 皖 地

游走安徽多个地市，关于吃饭，的确有许多耐人寻味的东西。

早年间，在初中食堂遇见一位和蔼的掌勺大师傅，每天吃饭的时候总喜欢和我打招呼：“尅饱了没有？”

尅饱？我一愣，转瞬心领神会，应该就是“吃饱”的意思。我顺势告诉他：“尅饱了，你做的饭菜真香！”

食堂大师傅憨厚而笑。

食堂大师傅并不是我们亳州当地人，而是宿州人，宿州人喜欢把吃饭说成是“尅”，而亳州人喜欢把吃饭说成“练练”。注意，这里可不是“打架”的意思，而是边吃边聊，有事没事一起“练练”，说明这样的小圈子关系极其亲密。

另外，我们亳州当地，对吃晚饭有两种特别说法，一种叫“喝茶”，另一种叫“吃剩馍”。很多外地人到我们这里，若是遇见了“老亳州”的问询“你喝茶了没有”“你吃剩馍了没有”，往往会丈二和尚摸不着头脑，不知如何作答，其实，也就是“你吃晚饭了没有”的意思。

我到合肥上学以后，班级里有个叫王冀豫的同学，一口合肥方言，吃饭时总喜欢在我们寝室门口喊一句：“崖哥，搞饭去！”

这个“搞”字，确实很传神，很能体现吃饭时热火朝天的劲儿，气氛很好，胃口也随着这样的字眼大增不少。

后来我去皖南，在徽州，遇见徽州人说吃饭，就更有意思了，且相当文雅。他们习惯把吃早饭说成“吃天光”：在天色迷蒙、晨曦微露时分，烹食以为乐，共享一天的序幕；他们还习惯地把吃晚饭说成是“吃落昏”，别看徽州重山围绕，徽州人的气象可真够大的，动不动就“吞云吐雾”，绣口一吐，就是半个天出来！我想，这与徽州人“晨兴理荒秽，戴月荷锄归”的作息生活有着很大关系，也体现了徽州世代相传的浪漫。

皖北面食

一双筷子，一口碗，觥筹交错之间，皖地关于吃饭的称谓却有如此不同的说法。当然，应该还有许多称谓，散落在皖地的山山水水之间，供我们每天搭讪问好，作为交际的由头来彼此使用，你若是出游到安徽来，不妨在民间细细体悟一番。

村　宴

在“搜狗”（搜索引擎）里敲击“村宴”两个字的拼音，没有这个词组，“搜狗”在提示我——“春（chun）燕”？也难怪，乡村似乎压根儿和“宴”不挨边。乡村古朴，宴席奢华，两者不在一个“阶级层面”。换言之，有种“刘姥姥进大观园”的感觉。然而今天，我偏偏要说说村宴。

2010年夏天，我结婚了。在亲戚朋友的一致反对下，我坚持要把喜宴放在乡村来摆。原因很简单：乡村这片土地是生我养我的地方，在乡村办喜事非常热闹。

小时候，我曾见过多次乡村喜宴，提前两三天，就要请好乡下的厨子（在我的故乡，乡下厨子被称为“聚长”）。“聚长”是个什么官儿？答案是“聚长”不是官儿，但是，在乡村的喜宴上，即便是再大的官儿见到他，都要给三分面子，让香烟，给好酒，民以食为天嘛，不给“聚长”面子，就要伤胃口。尤其是在20世纪80年代，一次喜宴，比过年吃得还好。

村宴主食

“聚长”来到家里，搭锅支灶，租赁瓷器，然后开出一个菜单，上面密密麻麻地列上了八角、辛夷花、桂皮等香料，腐竹、银耳、木耳等干货，还有鸡鸭鱼羊等鲜肉，各种时蔬，“兵马炮”齐备之后，掂大勺的“聚长”们开始生火做饭。

灶台一般搭在院子里，灶台分三座，一座用来煮肉，一座用来蒸食，一座用来烹炒，火苗一生，香味就飘满整个院子了。菜刀和案板嚓嚓作响，各色食材被切得整整齐齐，分别码在筛箩里，饭点儿一到，立时就能吃到美味的饭菜。

头一顿饭一般是在晚上吃，因为，一切收拾停当基本上日色偏西，提前来帮忙的至亲挚友自知是不用回家了，有的是吃的，不妨等着吃一顿地地道道的大家宴。这一顿饭一般是十个菜，多为烩菜，大多用勺子吃，劳累了一天的人们汤水菜肴一起下肚，大馒头拿在手里瞬间被“干”掉，一天的劳累在美味里逐渐消解。

饭毕，“聚长”烹炸一些明天要用的焦丸子之后，就和煤封火，用钢叉在漆黑的煤炉上插上几下，露出几个通红的火孔，这样，有空气流通，就不担心炉火灭掉了。这是一项技术活，在乡村，炉火一旦升起来，喜事不办完，一般是不能灭掉的，要不就是不吉利，所以，古时的乡村选择“聚长”，关键看能不能掌握“火候”，这个火候不是指烧菜的水平，而是指生火的水平。

第二天一般就是摆饭菜席了，七大姑八大姨、周围的邻居都要来，亲戚们一般是等吃，刷盘子洗碗、摆桌子、拉板凳的活儿一般都是邻居来做，这些邻居一般被称为“帮忙的”。这些帮忙的，一般是不要拿礼的，净干活净吃饭即可。

这一天，唢呐班子就要来了，百鸟朝凤吹得嘹亮，最热闹的要数这天晚上，扬琴一敲，大鼓书一唱，吹拉弹唱，唢呐班子前围得水泄不通，吹唢呐的汉子脸膛涨得通红，很有喜感。如我一样的乡间少年，托着腮，在台下听得入神。印象中，最常听的是《王天宝下苏州》《陈州放粮》等等，少年情怀总是充满幻想，总希望自己能成为戏中人，土窝里飞出个天子，金窝里飞出个金凤凰。

戏一散，放上一通炮仗，这一天的喜宴就要落幕了。经由这一天的忙碌，喜宴人家的土路上都油漉漉的，全是白天托盘上洒落下来的汤水，闻一闻，满院子的饭菜香和酒香混杂在一起，喜气盈门。

第三天被称为“正事”，这一天，要么新娘子要进门，要么做寿的老人端坐在正堂，一帮儿孙行礼，要么是开锁的孩子（在皖北农村，为了孩子好养，一般要找一户姓马、牛、杨的人家做干爹，这些姓氏谐音“马、牛、羊”。这些动物四只脚站得稳，认这些姓氏的人做干爹妈，以后孩子站得稳，行得正）。这天中午的喜宴最热闹，通常至少要 16 个菜，冷热菜肴、甜盘都有，临走的时候，旧时还要发一些烧卖，现在都用喜糖代替了。

村宴菜肴

这顿饭一毕，就意味着喜宴要结束了，最后还有一项非常讨喜的活儿，是留给乡间孩子们的，那就是待在办喜事的亲戚家不走，剩馒头剩菜再吃上个两三天。这项活动被乡人取了一个非常有意思的名字——刷油锅台。

这就是关于村宴的全部记忆，我的结婚喜宴全部依照乡间风俗来办，诸般过程我又再次经历了一遍，也回味了一遍，如今，再次写这篇文字，舌尖上仍有村宴上菜肴的气息在萦绕。

薄 荷 秋 凉

有朋友自北方小城来，邀他吃小吃，上来一道菜，青叶细纹，凉香异常，朋友十分惊讶，问这是什么。

我说，是薄荷。

薄荷！朋友一愣，没想到薄荷也能吃。

那天，朋友吃了整整一盘薄荷，还不过瘾，又叫了一盘，吃到半盘，他手里的酒杯停下，有些异样，我定神一看，这小子哭了。

一个大男人，怎会突然流泪，其中必有隐情。

他告诉我，女友离他而去。

他的女友是个不温不火的女演员，在北京演些话剧，一直徘徊在为人熟知的边缘，早年，一直是朋友资助她，如今竟然决绝离去，真是人心寒凉，难怪朋友吃薄荷吃得满脸泪珠。

凉拌薄荷

我安慰朋友说，你还不晓得你眼前这盘薄荷吧，都是新掐下来的嫩叶。薄荷这东西，你越掐，它就越旺。先前是瘦弱的一两根枝杈，掐到最后，会成为一“蓬伞”。

朋友破涕为笑，用筷子再夹起一大捆薄荷继续吃，边吃边说，我呀我，连盘薄荷也不如。

我安慰他说，也难怪，我忘了告诉你，第一次被掐的薄荷多数会蔫吧几天，稍后就会振作了，鲜嫩的叶子在田野里旺盛地发着，如下了一场绿雨。

朋友陷入沉思，我亦沉思。

一个月后，我在网上遇见朋友，他发给我一首诗，诗名是《薄荷》：

俗世入秋，心意如灰，

想起薄荷，多好的一个名字，

越薄凉的俗世，就越能耐得住负荷。

口含一两片薄荷叶，意志坚如铁。

紫苏，紫苏

紫苏这个名字，听起来多像个美少妇，真正见到它，却发现是个少女。面色潮红的少女，情窦初开，正是怀春的年纪，于是，血脉偾张，往上走，才有了紫紫的脸庞。

故乡的民间，紫苏很常见，在树林边，沟头上，阡陌旁，在盛夏里长成一团紫，如雨后的红霞。紫苏的个头并不高，叶面却很阔大，中间的颜色稍稍有些金粉色，所以，说它是个待字闺中打扮自己的少女一点也不为过嘛。

第一次接触紫苏是幼年时分，我在田野里嬉戏的时候，被不知名的臭虫叮了一口，奇痒难耐，爷爷就地掐了几片紫苏的叶子揉碎，抹在伤口上。一团紫色覆盖了我的皮肤，一缕清香充斥了我的鼻孔，肌肤之上，凉凉的，如冰凉的小蛇往肌肤里钻，那痒瞬间就止住了，浮肿不多时也消了。自此以后，我对这个“紫霞仙子”尤为喜欢，连根挖回家放在盆里养，在墙角，它长成茂密的一片，如火烧云落在了我家院子里。

紫苏性温，是很好的中药材。据说，紫苏的药性发掘者是神医华佗。有段时间，华佗在河边散步，见一水獭不停地吞食鱼类，水獭吃鱼不是细嚼慢咽，而是囫囵吞枣，连同鱼鳞一起下肚。不多时，水獭的肚子胀得鼓鼓的，有些消化不良的症状，而每当这时候，水獭就会在岸边吃一些紫苏下肚，不一会儿，就消停了。华佗通过观察，发现每次水獭吃鱼后都会吃一些紫苏，于是，得出了紫苏具有温补散寒的药用价值的结论。后来，华佗还把紫苏和鱼一起烹调，做成了味美的紫苏鱼。

紫 苏

其实，紫苏是当今药膳中的常客，有一道菜叫凉拌紫苏，深秋来吃，也觉得很舒服。还有紫苏粥，能够健胃补脾，还能预防感冒风寒，补充多种维生素，吃来甚好。

提起紫苏，不禁想起初中时期的一个女同学。她与我同桌，终日脸蛋紫红，有好事的大师兄送她绰号“紫苏”。紫苏成绩很好，是全年级的尖子生，但总是考试失利，后来终归是与省重点中学无缘，只上了个“市重点”。毕业那年，紫苏送了我一本书，琼瑶的《紫贝壳》。那时候，琼瑶大红大紫，那是我第一次读言情小说，后来，还被其中的情节深深吸引，以至于不敢再读，唯恐耽误学业。说这话，已经是十几年前的事情了，前几日下班，拥挤的街道上，遇见一个熟悉的身影，定神一看，不就是“紫苏”吗？她的脸蛋不再紫红，岁月在她的脸上留下了些许逃不开的痕迹，电动车的后座上，一个扎着马尾的女孩，四五岁光景吧，脸蛋也一样的红，和当年的“紫苏”一样。

这是“鲜活”在记忆中的一团紫。从遥远的《诗经》和《本草纲目》里走出来，走进民间，走到你们身边，走进很多人心灵的土壤里，萌芽，抽枝，开出铃铛一样的花朵，那是记忆土坡上一只紫色的音响。

北风萧瑟屠苏酒

犹记得20世纪80年代的冬日，第一场雪刚下，父亲就开始劈柴生火，把炉子升起来，然后从药橱里拿出一些零碎的药材，从厨房里拿出一大把花椒，还有酒，放在一起，在炉火上熬煮。约莫半小时后，母亲做的辣白菜也好了，父亲给我倒了一碗底方才熬制的那种药酒，让我喝下，直喝得我出了一身好汗。我至今还能想起喝那种酒的感觉，如同一条火一样的瀑布从喉头直倾泻到胃部，那叫一个热，浑身萎缩的细胞都被这样一口酒给唤醒了。

后来，父亲告诉我，这是屠苏酒，能御风寒。

屠苏酒是神医华佗创制的。华佗与我同乡，也是安徽亳州人。据历史记载，东汉末年，皖北地区奇冷，那时候，人们的居住条件普遍不怎么好，很多人还都住在茅草屋里，极易受风寒。为了御寒，华佗用花椒、大黄、白术、桂枝、防风等药材泡酒，在春节时供人饮用，以驱除三九严冬之后躲在人体内的寒气。据说，此酒还能除瘟疫。

这应该是唯一一种准许小孩子喝的酒，也是古时候小孩子必须喝的酒，更是在饮食顺序上提倡“先孩子后老人”的酒。唐朝人韩鄂所著的《岁华纪丽》有这样一段关于屠苏酒的描述：“屠苏酒，屠，割也，苏，腐也。言割腐草为药也。晋海西令问（北魏）议郎董勋曰：正月饮酒，先小者，何也？勋曰：小者得岁，故先贺之。老者失岁，故后也。”足见，那时候的人们对屠苏酒视若珍宝，老人们都不舍得喝，要留给自己的儿孙。

屠苏酒

屠苏酒也算是一种保健酒了，能够活络筋骨，疏通气脉。文学家苏辙也曾写有关于屠苏酒的诗句：“年年最后饮屠苏，不觉年来七十余。”古人云“人到七十古来稀”，苏辙七十余岁仍身体健朗，应该说与饮屠苏酒不无关系。

据老辈人说，旧时的街铺，沿街卖的都有屠苏酒，这种酒通体泛红，乍一看，像是樱桃酒，很是好看。眼下，北风又萧瑟，走在街上，冷风直往裤管里钻，在街面上遍寻不着屠苏酒的影子。不知道什么时候，屠苏酒慢慢淡出“江湖”，渐行渐远，只有在极少数药铺才能买到它。什么原因呢？一位长者说，很简单，现代人对药都有恐惧症，凡是和药搭界的东西，人们大多敬而远之，相反，一些休闲饮品反倒越来越受人们青睐。任何事物被遗忘抑或消亡，都不单单是一种原因，我们不妨转念想一想，屠苏酒的消失，是不是与人们居住条件的改善和气温的逐渐上升有些关系呢？个人觉得，我宁愿相信，祸根还是人们对传统文化的不重视！

瓦壶天水菊花茶

欧阳修在皖北小城亳州任知州的时候，曾在这里种过菊花。

秋来的时候，呼朋唤友，开轩面场圃，煮茶论道，讲老庄，论华祖，好不逍遥快活。据说，欧阳修非常喜欢这里的菊花茶，离开亳州之后，每到重阳，还央人前来购买，他说，移栽的菊花，完全没有当年的味道。

菊花，要在檐下风干，表面上看去，有一种枯败感，沸水会给它第二次生命。这样的菊，不用硫黄熏制，颜色上，有些半老徐娘的感觉，味道上，却是豆蔻少年。这样一种枯黄的气息，有种高僧的感觉，瘦骨嶙峋，却极为精进，是得道后的矍铄与清醒。

人在土地上降生，到头来，还是喜欢依赖土地上的作物。吃的是粮食作物，喝的是山峦之间的香茶。菊花茶虽然不产在山峦，却是广袤平原上连绵生长的一种有气节的花朵，一朵就是一缕香魂。制作瓦壶的材料，来自土地，塑形之后，用烈火烧制，烈火的原材料是地上生长的木材，或是土地怀里的煤炭。天水呢，在雨雪来时所接，无根之水，清冽可口，也是土地上的流水升华到空中，在天上“镀金”之后而返，气质上，当然也不同了。

一杯菊花茶

难怪在多年前，郑板桥要拿这样一联赠友人：“白菜青盐糙米饭，瓦壶天水菊花茶。”两句话中，没有一丝花红柳绿的气息，一片寡白色，这说的是清贫寡淡吗？我觉得不是，这里所陈述的是一种境界，糙米白菜，嚼到舌根甘甜；瓦壶菊花，瓦壶是泥做的骨肉，菊花是泥生的精灵，自然素雅，一派古拙气息。

瓦壶菊花今还在，皖地多雏菊，秋来遍地是香阵，只是恐怕，天水就让人不敢苟同了，污染太严重，雾霾与风水，让如今的天水碜了牙，喝上一口，都是PM2.5的浓稠。

少了一脉天水，山泉水还是可以替代的，况且这样的水流更接地气，更能收纳土地上的灵性。在干燥的秋日，不妨采菊东篱下，洗壶活泉中，院落里，阳光正好，石桌石几静默如禅，三五知己对坐，煮水泡茶，话不话桑麻都无所谓了，年华辗转至秋，一壶菊花茶，滤去我们心头的焦躁，如此“洗心”，何处去寻？

皖北有响菜

“皖北有响菜，生在黄土间，身着翡翠衣，沸水浑不怕，食来有声色，唇齿如踏雪。”

这是描写皖北响菜的一种歌谣。响菜，即是苔干，因吃起来嘎吱作响，又名“响菜”。响菜，可不是一般人对它的称呼，据说“响菜”一说来自周恩来总理。可见，它的称谓大有来头。

响菜在清朝时，被作为贡菜进献给朝廷，深得宫廷喜爱。我想，响菜在清朝“走红”是有原因的，响菜青碧可人，在土地上生长时，就葱茏旺盛，做成苔干之后，焯水依然葱碧如茶，呈现出一派旺盛的“青”，这与清朝的“清”字谐音，又寓意美好，味道可人，当然深得人心。

生在皖北的少年，每到苔干收获的季节，都在田间遍地跑。苔干一收，孩子们就有口福了，即刻就能在田间吃上最新鲜的苔干。田里刚刚收获的苔干，水分足，蔬菜汁最浓，吃起来，醒脑提神，爽口得很。

清炒苔干

苔干收获后，立即就要用利刀切开，通常是一切四瓣，挂在绳子上晾晒。皖北涡阳是苔干之乡，苔干收获的日子，田野里竖起了棍子，拉满了绳子，上面挂晒的都是青碧的苔干，如绿的营队，一字排开，非常讨喜。

深秋时节，苔干在皖北的风里渐渐丢弃水分，变得纯粹，这时候，更易于储藏，拿到干货市场上去兜售，销路宽，走货快。几经辗转，冬天的大幕一经拉开，吃锅仔的多了，就轮到苔干粉墨登场了。

苔干烧肉，是一道好菜。肉，可以是五花肉，肉里的油脂可以充分与苔干融合，把苔干的鲜香给催发出来。苔干烧肉端上来，油亮油亮的，这时候的苔干尽管经过了沸油、作料与烈火的烹灼，依然葱绿。似一个不经世事的小丫头，历过岁月，依然内心守着一份清明和诗意。苔干有两次生命，一次在皖北的黄土地上，一次在餐盘里。这份情怀，和绿茶极其相似，也和岁月深处抱朴守拙的人相似。

吃苔干，要有一口好牙。小孩子们爱吃，是流连于唇齿之间的游戏，苔干在小孩子的嘴里，嘎吱奏鸣，这是美味的交响。苔干寓意着最好的年华，年岁大了，再把一盘苔干端在眼前，唯有感慨年华易逝的份儿。所以，趁着韶光尚好，就莫负了一盘苔干，莫等到苔干有了，牙没了……

刁蛮的炒面椒

在皖北，用来形容牙尖嘴利的女人，曰“口”。“口”这个词太形象，一度让我想起食盆大口，还有张开的剪刀，还有故乡农村幽深见不到底的老井。今天再次提及这个词，全不因这些，全因一个“辣”字，女人刁蛮，自然会多一些“辣味”，女人的“口”与辣，像极了皖北的一种菜：炒面椒。

炒面椒是皖北特有的一道菜。在面食为主的皖北，似乎餐餐总少不了面，即便是做起菜来，也不能缺少面的掺和。真可谓“无面不欢”。

炒面椒的做法十分简单，青辣椒洗净，横切成段段儿，去其籽粒（辣椒瓤），然后撒少许食盐腌制几分钟，待到辣椒被腌出了水，撒上些许作料粉，调匀，撒面粉，搅拌至每一段辣椒上都敷上一层厚厚的面粉，约莫两毫米左右。这时候，烧锅热油，油冒青烟时，把裹好了面的青椒放在油锅里煎炒，直至外层的面成了黄澄澄的样子，即可出锅。这时候再看，面粉橙黄，辣椒青嫩，咬一口在嘴里，面粉的糯，青椒的脆辣，直刺你的味蕾，那叫一个畅快呀！

炒面椒

炒面椒是一道家常菜。随着农家乐的兴起，逐渐登堂入室，被扶成了“正室”，潇洒地端上了餐桌，这一端，不当紧，食客们都爱不释手。如今，只要你来皖北，尤其是亳州，就能吃得上这道菜。

现在想想，家常这个词也造得妙呀——家里的菜才能吃成经常。许多文友来亳州，我叫上一份炒面椒，上来，他们均不知何物，还以为是什么俏菜，吃一颗在嘴里，直到被浓郁的辣香唤醒了记忆，才知道原来是辣椒。

炒面椒的辣，不像赤裸裸地吃辣椒那样让人难以接受，面成了辣椒的“糖衣”，或者说是在一定程度上缓解了辣意，让更多的人吃得不亦乐乎。

中国有句古话叫：“能吃辣，能当家。”吃辣，俨然成了一个男人在家里大权在握的衡量标准。若是在亳州，一个男人被问及自己在家庭中的地位，就会腰杆倍儿直地走进餐馆，叫上一盘炒面椒，一口气吃完，用筷子头敲敲碟心，作意犹未尽状，喊道：“老板，再来一份！”

满架秋风扁豆花

多年前，郑板桥流落到苏北小镇安丰，在一处小院子里居住下来，淡泊不惊地过着生活，在他的书房上，写有一副对联：“一庭春雨瓢儿菜，满架秋风扁豆花。”透着禅意，也掺杂着诸多隐忍的意味在里面。看似说的是吃食，其实说的是心境，既然一切不尽如人意，还是躲进小楼成一统，春食葫芦秋赏花。

扁豆花在乡村极为常见，淡紫色的花朵，这样一种紫，似乎和任何一种颜色都不一样，有着一种渐变色，紫得不那么耀眼，却又那么耐看。扁豆花应该不属于清香四溢的花朵，甚至还有一种怪怪的暴戾之气。它们攀在乡村的篱笆架上，结出扁扁的豆荚，也泛着紫。

自我记事起，去外婆家，就常吃扁豆。秋日的清晨，外婆挎着篮子，从院子里采回来半篮子扁豆，择好，放在沸水里焯一下，然后切好姜丝、葱花、小辣椒，用大块的猪油来炒，非常开胃。

印象中，吃扁豆的时候，都要佐以“死面饼子”（没有经过发酵的面做成的饼子），饼子在锅里贴出锅巴，再舀出来半碟豇豆，这种吃法，浓缩了一个

扁豆花

时代农家人餐桌上的回忆。

扁豆是极为愤青的豆子，也许正因为它愤世嫉俗，才被繁重的俗世压迫得这样“扁”。我说过，扁豆身上散发着一种暴戾之气，这种气息让牛羊都不愿意接近它。所以，诸多菜种中，唯有扁豆适合种在自家院落里，家禽家畜都不会招惹它，秋风来的时候，它在篱笆上绽放出一片妖娆，远远地望去，像是来自苏州的锦绣落在了篱笆院上。

如此来说，扁豆也像是一类脾气很倔的知识分子，在一般人看来，他们是茅坑里的石头——又臭又硬。其实，一般人哪里懂得，他们是灵璧石，是宝玉，只不过庸俗之人眼拙，看不透火色，才冷落他们，疏远他们。他们的内心是妖娆的，不信你看，满目秋景里，唯有扁豆在粗粝萧索的篱笆上，用花样朱颜，赶走自己的寂寞，营造一墙别样的妖娆。

多年前，在家乡药都曾经流传过这样一则故事。在抗日战争时期的亳州，有一家开药铺的张医生，家里有一位千金小姐，出落得端庄大方，俏丽可人。一家有女百家求，药都诸多府邸都央人前来说媒，张小姐都一一回绝了，原因是他爱上了父亲的大徒弟华泯。有一回，日军大佐前来张医生这里开药，看中了张小姐，带了聘礼来提亲。如果抗命，势必家破人亡，只得应承下来，临过门前一天，张医生的药铺里一片骚动，原来，张小姐因误食了有毒的扁豆，一命呜呼，大佐不相信，赶忙来看，一试鼻息，果真断气。大佐垂头丧气地走了。张小姐的坟茔在药都城南十九里。第二年秋天来的时候，坟茔上开出许多扁豆花。许多人都说张小姐没死，她自幼花粉过敏，尤其触不得扁豆花，一碰就休克。张小姐“死后”，华泯也不见了。后来，有人在上海见过他们，也开了一家医馆……

扁豆花儿美，篱笆开芳菲。扁豆花开在秋风里，肃杀的秋风却并没有困住它的绽放，所以，在它身上，从不缺少传奇。

炟豆

植物也不是好惹的。九月末，回皖北乡下老家，帮父母收黑豆，父母刈豆秧，我再抱起来放在车厢里。金黄色的豆秧在夕阳的照耀下，显得异常可人。作为一个农家长大的孩子，每每遇到了故乡的果实，我总想把它们抱得紧紧的，黑豆也不例外，它能补肾、明目、生发。我在田垄上走着，就在我弯腰紧紧抱着一捆黑豆棵时，一种尖锐的疼痛从指间溢满全身，一开始，我还以为是自己抱住了一条小蛇，定神一看，才知道是坚硬的豆荚把我的三个手指肚给扎伤了，鲜血如豆子一样溢了出来。也许是因为怀抱粮食，我总觉得这是一种可喜的痛。

黑豆收获殆尽，装在三轮车上，突突的三轮车压在乡村的土路上向家的方向走去，把一车厢豆子掀倒在院子中央，感觉是把整个秋天都掀在了家里。我小心翼翼地从豆棵上摘下豆荚，然后，从豆荚里把豆子剥出来，这个过程，像是在给黑豆分娩。日色逐渐萎淡下去，脚下盆子里的黑豆逐渐累积成了小山状，这时候，母亲把灶下生起了火，要我把黑豆用水洗净，说，马上我们就可以炟豆了。

“烀”是一个动词。这个词在皖北的乡间人人皆知。“烀”是一个象形字吗？一通火苗，右手边的“乎”字，上半部分又多像一副锅灶，最上面的一撇是锅盖，下面的两横就是灶体，两点就是食物，甚至就是豆子，这样说来，“烀”这个词就是专门为豆子而造的。

豆 荚

火苗颤巍巍地舔舐着灶底，灶里的豆子，像是被挠痒痒，在沸腾的水花里咧开嘴笑。沸水里的作料趁着豆子笑的工夫，巧妙地侵入了豆子的内心。这感觉像是一对恋人在恋爱，不知不觉就爱上了，不知不觉，你中就有了我的味道，我中就有了你的个性。

我小时候是不喜欢吃烀豆的，因为我见到了祖父在豆苗间锄草的场景。祖父的汗珠比泡胖了的豆子还大，砸在黄土地上，瞬间被吸收。在我少年天真的想法里，甚至怀疑祖父的这些汗珠一定是被豆子给吃掉了，要不，怎么每一粒豆子都像是祖父的汗珠？后来，我甚至觉得烀出来的豆子也有祖父的汗味，索性不吃了。现在想来，真是可笑至极。

生活在皖北平原上的人们，豆类是主要的吃食，他们挥洒着大把豆大的汗珠，也收获着大把的豆子，然后，用这些豆子打豆浆、做豆腐、压制豆皮、磨成豆面，总之，豆子在这里总蕴含着无数可能。最简单的一种吃法，也是最原始的吃法，就是烀着吃。这样吃，舌尖最能完完全全地感知到豆子的香，从豆子的皮到豆子的内心，从豆子的腥到豆子的甜，仿佛把豆子的一生都感觉了个遍。

在我的家乡亳州，早在三国时期，两位亲兄弟因为夺嫡，酝酿了一场争斗。哥哥要弟弟七步之内做出一首诗。踟蹰之际，豆子在弟弟的脑海里打转，是的！“煮豆燃豆萁，豆在釜中泣，本是同根生，相煎何太急。”才高八斗的曹植之所以信手拈来，多半也与这里的人们太爱吃烀豆有着千丝万缕的联系，何等妙喻，赋予了“烀豆”以更多的内涵和想象力。真可谓“烀”之欲出呀！

岁月的风呼啦啦地吹着，皖北平原上，从枯黄到青碧，豆子—豆芽—豆苗—豆荚—豆子，多么富有哲理的一个轮回，也正是在这样的轮回里，以豆为食的人们，也像这豆苗一样，一茬茬地旺盛且有滋有味地生活着。

盐水毛豆

夏末的时候，坐在家里没事干，就和祖母一起在院子里剥豆。豆是毛豆，刚从田里割下来的，新鲜着呢，剥豆的工夫，来了客人，是表姐。哭丧着脸进门，见到祖母，索性敞开哭了。祖母一边安慰她，一边问她怎么了。一问才知道，原来是和表姐夫闹别扭了。

为什么闹别扭呢？原因十分简单。表姐在与表姐夫闲聊之际，说到了一个他们都很熟悉的朋友，言语之间，表姐说到他蒸蒸日上的事业，和顺一堂的家庭，还有悠长的假期，他会定期陪家人去度假。不像表姐夫，一个小公务员，一年忙到头，也没有个休假时间。表姐夫一听，男人的自尊心立马崩溃，两人汹涌地吵了几句，娇贵的表姐这就哭闹着回了娘家。

祖母听了表姐的诉苦，不发表任何意见，专心致志地剥豆。边剥豆边说，孩子，你看这毛豆多好，又好吃又好看，还有股清香。做起来也不麻烦，到田里就摘，回来想剥就剥出豆子煮稀饭；不想剥了，就用清水洗净，放在锅里，放点盐巴一煮，不多时就可以吃到美味了。真正过日子，就应该像这毛豆，哪家能终日不断瓜果梨桃，毛豆却可以日日有，尽管普通、平淡，却最养我们的肚子。仙鹤好，谁见过？即便有，哪里煮得？山珍海味虽好，哪能天天吃，肚子也受不了呀，且距离我们较远。我们能做的，就应该珍惜手边能摸得着、够得到的幸福，譬如这毛豆。

祖母娓娓道来，表姐若有所悟，紧锁的眉头舒展了，眼角的泪花也被笑容取代。篮子里装了半篮毛豆，锅里方才煮的带荚的毛豆也好了，盛出来，抓在手里，放在口齿之间一拽，一荚毛豆全都滚到了口中，豆香四溢。

盐水毛豆

毛豆，这种庸常素淡的美好，体贴的何止是人的胃口，还能滋润人的感情。

其实，好的家庭，好的感情，就像这盐水煮毛豆，盐巴哪家没有，毛豆田里遍地可摘，只需要一些情感的小火苗，就能扑腾出异样的美味来。简单、方便，却又很实用，这才是真正的人间烟火。感情若是奢侈，要感情有什么用，搞不好就是情劫，这种信手拈来的美好，才让我们坐享人间美味。

酱豆记

有人说，酱豆是最土气的吃食。是的，的确很土，或者说是很乡土，但是，也确实很美味。

酱豆是北方人常吃的食品，南方人或许压根都不知道怎么个做法。

酱豆的做法很简单。盛夏时节，将上好的黄豆放在锅里煮熟，然后撒上面粉，上面再盖上一张纱布，找个背阴处，放上一周左右，直到上面发酵生出一种白毛毛时，拿出去晾干。这时候，看似霉菌一样的东西已经变黄，附着在黄豆上。再准备好一口干净的坛子，把这些黄豆放进去，配上适量的盐巴、白酒、姜片、花椒叶一起放进去搅拌好，用塑料纸密封起来，放在阳光下再次发酵十天左右，酱豆就做成了。

这时候，还不能不分时间就拿出来吃，要在一个早间，空气干净，取一只干净的勺子，挖出来一碗，暗红色的黄豆仿佛表面被裹上了一层酱。其实，这时候黄豆早已经绵软在坛子里，大都和其余的作料融为一体，我们把酱豆和藕丁、花生在一起炒熟，就可以吃了。

酱　豆

印象中，小时候，我就喜欢在刚刚做出来的馒头上挖一个小凹槽，然后把酱豆放进去，拧块馒头蘸一下酱豆一口吃下，然后再拧，直至一个馒头吃完，再拿一个，如法吃下。有酱豆的日子，馒头总下得很快，都是被酱豆给催化的，母亲估算过，一顿饭有和没有酱豆，吃下的馒头有着将近两倍的差别。可见，酱豆还是很开胃的。

酱豆也可以配上青椒葱白一起炒，也是一道不错的吃食。当然了，如能配上肉丁就更好了。近年来，超市风靡，我觉得超市里出售的那些海鲜酱、豇豆酱、海鲜酱都不能和故乡的酱豆相比，不是敝帚自珍，而是体验式地现身说法。

酱豆还可以放在面条里一起吃，一碗面条，配上两勺酱豆，吃面条的速度就变得飞快，果真很开胃。

酱豆的美味很地道，来自乡间，也来自“香间”。

米黄来下厨

在故乡，有“米黄来下厨”一说。

我是皖北人，这里不产米，此米，玉米是也。

玉米黄时，恰在七八月间，玉米须尚嫩，在清晨，趟着露珠到田畈里，掰下来嫩而多汁的玉米，以掐粒汁液四溅为宜，放在篮子里，迎着晨曦回家去。剥开玉米皮，抠下来玉米粒，可以煮粥，味道鲜美；亦可以炒菜，做一道清炒玉米粒，很合孩子们的心意。

我曾多次亲手做过清炒玉米粒，可眼、可鼻、可口，可以说是一道登得上台面的佳肴。

玉米在不同的地方，有不同的称谓，在皖北，被称为“棒子”，有很多地方，也称之为“苞谷”，估计是因了外面的那层玉米皮而得名。

作家、美食家汪曾祺先生曾发明一道菜，名曰“炒苞谷”，其实，也就是炒玉米粒。他在《昆明菜》里这样记述——

每年北京嫩玉米上市时，我都买一些回来抠出玉米粒加瘦肉末炒了吃。有亲戚朋友来，觉得很奇怪：“玉米能做菜?”尝了两筷子，都说“好吃”。炒包谷做法简单，在北京的一个很小的范围内已经推广。有一个西南联大的校友请几个老同学上家里聚一聚，特别声明：“今天有一道昆明菜!”端上来，是炒包谷。包谷既老，放了太多的肉，大量酱油，还加了很多水咕嘟了！我跟他说：“你这样的炒苞谷，能把昆明人气死。”

后来方知，昆明人吃炒玉米粒，不是这种做法。这种做法太“野蛮”了，抹杀了食物的鲜香，对待食物，我们要像对待初恋一样，温文尔雅一些，不可下手太狠，亦不可莽夫煮羹。

炒玉米粒，尽管放了肉丁，其实，还应是一道比较素净的菜肴，容不得大油，油大则腻；更不能放酱油，否则，岂不破坏了玉米粒本有的金黄色；更不能放太多的水，在锅里“咕嘟”，玉米的嫩与润都给破坏掉了。

炒玉米粒

炒玉米粒，要用匀火，先放一勺适量的油，油热到两成后，将事先剥好的玉米粒下锅翻炒，待玉米粒吱吱冒泡，色稍转暗黄，就立即出锅。然后，配上作料，炒肉丝，也可以放一些胡萝卜，色彩分明，味道上也可以提鲜，肉至七分熟，即可把玉米粒下锅再炒，三两分钟就可。

餐桌上，多了一道炒玉米粒，气氛立时就不同了，有一种占尽田园风光的穿越感，整张餐桌，整个家庭，就有了雅尚之气。吃食，哪能仅仅以果腹的目的？还是要有些趣味的，更多的时候，吃的还是感觉和境界。

粉面的蒸菜

春天的皖北，翠色连绵，平原上，高的树，低的草，俯仰生姿，一派绿意。一开春，皖北人的味蕾就开始躁动了，这时候，山珍海味全都要靠边站，油头粉面的蒸菜霸占了整个餐桌。

皖北的蒸菜种类繁多。譬如，荠菜、榆钱、楮不臼……都可以上锅来蒸。做法大致相同，从田里、树上，把上述食材采回来。回到家里，用水洗净，趁着水还没干，赶紧拌上面粉，稍停几分钟，等菜表面的面粉浸湿以后，再拌上一层，如是再三，菜就可以上锅蒸了。

当然了，还有一些菜，譬如马蜂菜，需要下锅焯水之后，才能蒸食。这一类菜，多半是叶茎较为挺拔粗壮一些的，不下水，就不能很好地蒸熟；即便蒸熟了，味道上也会略逊一筹。但多半蒸菜都是不需要这一过程的。

没错，蒸菜有诀窍，水要先烧沸，然后把拌了面的菜上屉，蒸三五分钟即可出锅，出锅以后，用麻油和盐巴稍事调拌，即可上桌。这时候，菜最可口，营养成分也不会流失。

蒸菜几乎可以当主食吃。

记忆中，小时候吃蒸菜，哪有论碟子的，全上的是小盆，一人扒上一碗，

蒸　菜

到一边的树荫下吃开了。蒸菜外面是一层面，面里裹着的是翠绿的菜，一眼看上去，就有一种想吃的冲动。

有一个词叫："油头粉面。"我觉得用来形容蒸菜最合适不过，外面的粉与油，再加之所处的这个多情的春天，它们看起来白净，多像京剧里的小生。

外地也有蒸菜，譬如粉蒸肉、蒸咸鸭，但多半是荤菜，都和肉食相关。在皖北，蒸菜清一色全是素菜，有些"肉食者鄙"的意思。不可否认，蒸素菜是比较养生的吃食，吃的也都是应景的时令植株，与当前世界的发展步调是合辙的。这样吃着，才最有益于身心。

蒸菜夏天也有，丝毫不逊于春天，譬如，洋槐花、紫葛、面条菜、木耳菜、茄子等等，都可以蒸食，味道上也别有洞天。可能因为时令的关系，在味道的厚度上更加酣畅，吃起来也就更加过瘾。总之，在皖北，只要不到霜降以后，都是有机会吃到蒸菜的。

你想呀，当满目苍绿入眼的时刻，如果不享用一些下肚，势必会让人觉得有些浪费这个世界的大好光景。事实证明：好的风景是可以吃的，蒸菜帮我们来成全。

冬 瓜 记

冬瓜这种蔬菜像极了一尊胖胖的弥勒佛。

佛祖所言多智慧，冬瓜高产且大个儿，有时候，一根藤蔓上就能结瓜三两个，每一个能达数十斤。

冬瓜躺在田园里，像弥勒佛躺在莲花垫上。

小时候，乡村遍地皆可寻冬瓜。这种憨厚的瓜种，生命力特别旺盛，从不挑选土地，无论是贫瘠还是肥沃，点上一粒冬瓜种子，就能收获两三个冬瓜。

农历四月，冬瓜秧墨绿墨绿，白花点点，逐渐开始坐果。幼年的冬瓜上布满了一层毛刺，这是冬瓜对外界事物的拒绝，拒绝任何物体的碰触或抚摸，只允许清晨的露珠和阳光接触自己的身体，这也是冬瓜的自我保护。

冬瓜是最爱美的一种蔬菜。她一出生，浑身都结有一层白色的粉，施着粉黛，更能映衬出她的美，她的丰腴。

烹炒冬瓜片

我一直浪漫地认为，冬瓜是蔬菜中的杨贵妃，看她的体态，看她的肌肤，都是最好的明证。

冬瓜味淡。淡，恰恰成了她的优点。冬瓜和任何蔬菜相配，皆可融入另一种蔬菜或作料的味道，最具包容性，像极了强大的中华文化，也像极了一种人，人缘极好，和谁都能谈得来，到哪里都能吃得开，很讨人喜欢。

当然了，单独烹炒冬瓜片儿，也别有一番风味。唇齿之间，洋溢着一股难得的清爽，沙愣愣的，大味是淡。我还曾在老街深处的糕点店见过冬瓜，风干了，被染上色，浸润了砂糖，做成青红丝，放在月饼等糕点里，吃起来很有一番别致的味道。

可咸，可甜。这是冬瓜的双面一生。

最后，我还是禁不住要说说冬瓜的皮。小时候，常见母亲把削下来的冬瓜皮收集起来，放在窗台上风干。一开始，我还不知道这些被晒得打卷儿的冬瓜皮有什么用途。直到有一次便秘，母亲淘洗了这些冬瓜皮来给我煮汤喝，不多时，很快消滞。自此以后，我对冬瓜又多了一重敬意。

旧时的农家院子里，柴棚下面最常见的就是冬瓜，那些收获下来的冬瓜被堆在院子里，吃上几个月都没有问题，冬瓜这种蔬菜经得起时光的考验，不易变质，也全仰仗外面那层厚厚的皮。

我一直觉得，院子里堆满十几个冬瓜，这户人家心里是踏实的，至少一家人一个季节的口腹之欲有了着落。

硕硕冬瓜，在岁月深处巍然屹立。念念冬瓜，有她心安。

南瓜头

南瓜头，其实是“南瓜藤的头”，在南瓜还没有开始坐果的时候，南瓜藤肆意地扩张着自己的“领地”。这时候，若是任其疯长，势必影响南瓜坐果，南瓜也需要“修剪藤秧”，于是，就掐掉了不少南瓜头。

修剪南瓜秧，多半在清晨，在南瓜秧还没有睡醒的时候，掐掉多余的“头”，以确保给坐果后的南瓜以足够的营养。这些被掐下来的南瓜头，带着晶莹的露珠，全是毛刺，细嫩的皮肤摸上去，有些扎手。

早年间，放到富人的家庭，这些被掐下来的南瓜头就随即扔掉了。好在幼年时分，我家尚且比较拮据，母亲会把掐下来的南瓜头用水洗净，放在锅里，配上花椒，用少许植物油清炒。

清炒南瓜头是地道的农家美食，带着甜丝丝的香，还有一股嫩南瓜的味

南瓜秧上南瓜头

道，吃两条下去，仿佛整个身体都舒展开来。

母亲说，南瓜头是最好的吃食，比人参都要好，因为植物的秧苗最靠前的部位是最具生命力的，主生发，有着“开枝散叶”的寓意。早年间，长时间不开怀（不孕）的少妇，常喜欢吃它，有“坐果生根”的好寓意。

当然了，除却不孕妇女，其他人吃它，也有好彩头，南瓜头上孕育着强大的生命力，是一道不可多得的养生菜肴。

移居城市多年，太久吃不上南瓜头。一日，母亲逛菜市场回来，一推门，就兴奋地对我说：“儿子，你有口福了，看我买到什么了！”

我一看，就看到母亲手里拿着一把鹅黄间或嫩绿的南瓜头。那次早饭，我们一家人围拢在一起，吃出了许多怀旧的味道来。

前不久，陪一位企业中层领导吃农家乐，菜单上，一道很显眼的菜肴赫然在目，名曰“升官发财”，带着好奇和美好的嘱托点下一份。菜上来时，我笑了，是半盘清炒南瓜头，碟子的另一侧放着一小碗发菜汤。

给南瓜添加太多的功利化色彩，无疑是“绑架”了南瓜。南瓜素面朝天，若有灵，岂不痛彻心扉？南瓜淡然，无意躬身于任何高傲。

南瓜头能“生南瓜”，谐音“升官”。想想，农家乐的主人也真够俗的，若不是为了取悦这位企业领导，我是不会点的。一盘纯净素洁的南瓜头，被人无端扣上了如此功利的帽子，这对南瓜头太不公平了。

一份“清炒南瓜头”，人生百味在里头。

难忘马齿苋

马齿苋可不是我们常吃的那种苋菜，在我的故乡，马齿苋被称作“马蜂菜”，之所以别人管它叫“马齿苋”，是因为它的叶片长得极像马牙齿，才有了这么个名字。

马齿苋是极美的吃食，印象中，可以连根拔下来，在乡间的小溪里冲洗，到家后，再用流水冲洗之后，趁着马齿苋通身的水汽，拌上面，放在笼屉上蒸，几分钟后，拌上蒜汁、麻油、盐巴，调匀，就可以吃了，简直是人间美味。

还有一种吃法，把马齿苋焯水后立即拿出来，放在阳光下晒干，在冬天，用来做粥，也相当好吃。

你或许要问我，为什么不直接放在阳光下晒?

答案是，马齿苋是晒不死的。

这不由得让人想起一个传说。在远古时代，后羿射日，射落的太阳掉到了地上，恰巧落在了马齿苋丛中，是马齿苋掩盖且保护了太阳，太阳感恩，所以，从此只助马齿苋生长，从不用阳光要了马齿苋的命。

当然了，这只是乡间的传说，也是农人的浪漫，估计和牛郎织女差不了多少。这样的传说无非是教孩子们行善，意思是行善自有好报。

传说归传说，马齿苋若是在田间疯长起来，可就难除了。

锄禾日当午，为的是用锄头把草锄下来晒死，但这也难为不了马齿苋。更要命的是，马齿苋是一种和吊兰差不多的植物，生命力特别顽强，随意掐下来一根放在地上，就能扎根生长。

刚摘的马齿苋

童年时分，在乡下长大的我，常干的活，就是把父亲从土里薅出来的马齿苋抱出来，放在地头。然后，嫩一些的留给自己吃，老糙一些的给猪羊们吃，一点也不浪费。

马齿苋全草入药，有清热利湿、解毒消肿、消炎、止渴、利尿等作用，成熟以后的马齿苋种子还可以明目。所以，在稍大一些的时候，故乡的中药材市场逐渐兴盛起来，我们就再也不会让马齿苋交给牲畜们糟蹋了，收集下来，焯水晾干，拿到药市上去卖，通常能给乡间生活的孩子们换一些花衣服，甚至是长久的零花钱。

难忘马齿苋，是因为它伴着我们幼小的心灵和难得的“衣食”长大。

恋恋茄香

茄子紫红着脸膛，站在盛夏深处，一副年富力强的样子。

每一户农家，若有一个园子，则必定要种茄子。种在园子的东面，太阳升起的时候，一片深紫，有些紫气东来的意思，很讨喜。

即便是再挑食的人，恐怕也会对茄子来者不拒。

茄子，可以用肉末烧。在合肥上学时，校园后面开着一家阜阳餐馆。是一家夫妻店，妻的刀工好，夫的厨艺佳。油烧热，先过油，再炒肉末，最后，肉末和茄子在一起烧，茄子中有肉末的浓香，肉中有茄子的鲜美。这样的肉末茄子，吃起来很下饭。

茄子，还可以蒸食。一是切片上锅蒸，然后手撕成条状，用蒜汁调食，很开胃；另一是把茄子切成丝，拌了面上锅蒸，最后佐以麻油，这样的吃法保留了茄子时蔬的香，可以当成主食吃，吃剩下的，还可以加鸡蛋炒食。总之，不舍得随意扔掉。

茄子，当然还可以做成饺子。茄丝饺子是母亲的拿手好菜。在那些经济

蒸熟的茄子

条件不怎么好的岁月，母亲能把茄子做得比肉还要香。我至今记得母亲做茄丝饺子的全过程：先把茄子切成细丝，焯水，待到茄丝熟了，用纱布把茄丝里的水挤干净，调料放足，做成馅儿，这样做成的饺子有一种难得的肉香，且不油腻。印象中，每次母亲做茄丝饺子，我都撑得腆着肚皮。

茄子身上似乎没有一丝多余的东西，就连茄荚也可以炒菜，父亲最爱吃，说茄荚是链接茄子和母体的必经之路，营养供给全靠它。因此，茄荚中饱含最丰富的营养，许多人惧它有刺，大都扔掉，其实，是错过了食物中的珍宝。

我坚信父亲所言，从此也爱上了吃茄荚，也渐渐爱上了茄子的性格。

茄子的叶子粗糙，纹理毕现。这就像它所过的生活，脚下是最朴实的土地，从不奢求太多的养分，默默开花结果，头往下垂，花朵也不嚣张，叶片上每一丝纹理都纤毫毕现，多像茄子的秉性，低调而守规矩。

做茄子，有一点不好，就是生来就要注定被分而食之。

茄子肯定不知道自己一降生，就预示着将被以这么多种吃法结束自己的一生，若是茄子有灵，会不会把自己缩成一个硬邦邦的菜疙瘩？

我把自己这个奇怪的想法说给朋友听。朋友说，茄子才不会是你想象的这种格局呢。它的胸襟大着呢，你看，它的样子与弥勒佛的肚皮几乎毫无二致。

是的，人有时候，应该向一种时蔬学习，譬如茄子。

石头汤考

石头还能做汤？

答案是：能。

《清稗类钞》有记载："桃源产白石，可煮羹。法以水煮石，俟沸而易其水，入青豆苗少许，味绝佳。"

这是一块怎样的石头呢？水煮石头，是为了增添菜品中的矿物质，还是因为石头裹挟美味，还是概念炒作呢？

《清稗类钞》里记载得并不详细，除了投放青豆苗之外，并没有注明是否还需要放入其他作料，若是还需作料，我就要质疑这块石头的真正功效了。

法国有个民间传说，也是说石头煮汤的故事——

三个士兵（一说"三个和尚"）打仗归来，又饥又累，路遇一村子，打算进去讨些吃的。可是，他们走遍了所有的农家，没有人愿意给他们吃的。农人们知道三个士兵要来，事先把吃食藏到了阁楼上、地窖里，甚至是藏到了水井里。总之，就是不愿意给他们吃。或许全世界都一样，都有"兵痞"的说法，士兵们也深知自己身份的尴尬，于是心生一计，在村口支起了一口大锅，大锅里放了几块石头，派人在村口高呼，都来吃我"石头汤"喽……石头汤怎么能喝？单单是喝石头汤也没什么意思呀，于是，村民们纷纷把自家私藏的美食拿出来，投到这样一口锅里，有火腿、烧鸡，也有胡萝卜、土豆等素菜，还有投入作料的，不多时，香气

青豆苗汤

渐盛，三个士兵率先吃到了美味的“石头汤”，村子里的人也啧啧称赞，从来没有见过此等美味的汤羹。

毕竟是当兵的，见过的世面多，城府也深不可测，说白了，就是鬼主意也多，那些村民们直到最后也不知道自己是被人耍了。

若真如这则民间故事所云，所谓“石头汤”一说，无非是挂羊头卖狗肉。《清稗类钞》里所载，也只能被当作是青豆苗汤。

青豆苗汤在我的故乡亳州也有，鲜嫩的豌豆苗，清脆中透着微苦，洗净入汤，再佐以些许肉末，如果有条件，还可以放入一些茴香与枸杞，味道鲜美至极。据说，此汤还有清火利尿的功效，估摸着，全因了豌豆苗里裹挟的苦吧。一切苦的吃食，都是能败火的。

写到这里，惊觉《清稗类钞》所记为“白石”，而中药当中的石膏亦为白色，也有清热泻火的功效，而今天的桃源县隶属湖南常德，常德被誉为“中国石膏之乡”，这样说来，就吻合了。石膏与豌豆苗应属一脉，这样想着，白石是不是就是石膏呢？就此事请教了做中医的父亲，他对我的推测也比较赞同。

如此说来，所谓的“石头汤”，应该就是“石膏豆苗汤”了。

天赐大地一脚皮

明代皖北重镇亳州乡间，流传着这样一个动人的传说。有一位孝子，数十年如一日，侍奉双目失明的母亲，这一年，遭了饥荒，所有吃食甚至连草根也被挖了去，母亲饥饿难耐，出现了幻觉，说，她看到了好多海带和紫菜在眼前晃悠，若能吃上一碗紫菜蛋汤就好了。

孝子冒着炎炎烈日出门去掏鸟蛋，他想，即便不能找到紫菜，找一些鸟蛋回去也好。他冒着酷暑爬遍了村子周边的大树，由于遭了饥荒，连鸟雀也被顽皮的孩子打下来吃掉了，哪来的鸟蛋呢。

孝子并不放弃，继续寻找，在一棵高大的树上，他终于找到了一窝鸟蛋，足足有四五个之多。他喜出望外，把鸟蛋装在贴身的衣兜里，正欲下树，头忽地一晕，直直地摔下来。足足六七米高的一棵树，孝子是后背着地的，他生怕摔碎了鸟蛋。可是，孝子却被重重地摔在地上，昏倒了。

太阳炙烤着大地，眼看着，就要把孝子怀里的鸟蛋给烤焦了，可是，孝子并没有醒来，额头上渗出了豆大的汗珠。如果在这样的天气里，孝子再不醒来，就要因脱水而一命呜呼。也许是孝子的孝心感动了上苍，霎时间，彤云密布，忽然来了一阵大雨，孝子醒来的时候，雨停了，彩虹挂在天边，孝子身边的土地上，长出了好多类似紫菜的东西。

孝子兴高采烈地冲着彩虹就磕头，多谢上苍让土地上也长出了“紫菜”。孝子回到家，用这种“紫菜”和鸟蛋，给母亲做了一份“紫菜蛋花汤”，母亲吃了这碗汤之后，眼睛竟然神奇地能看到东西了。

母亲告诉孝子，这是东海龙王显灵。孝子赶忙到刚才自己摔倒的地上再去寻那些“紫菜”，可是，却一丁点儿也找不到了。孝子再次磕头跪拜，多谢龙王从东海降下了“紫菜”给母亲，还普降甘霖，救活了当地的百姓。

地皮窝头

当然，这只是一个传说故事。所谓地上长出来的“紫菜”，是一种菌类，也就是地衣、地耳、天仙菜，俗称“地脚皮”。因为，只有雨后才能捡拾到。它十分美味，可以用来炒蛋，也可以做蛋花汤，味道比紫菜还要鲜美。

在乡间朴素的思想里，人们对大地提供给自己的一切美味，都十分感恩，习惯上称之为“天降祥物”。所以，我小时候，没少吃这种“地脚皮炒蛋”，还被“地脚皮炒蛋，给肉都不换”这句话磨得耳朵都长了茧子。

同样是乡下人，一位在行伍做过红笔师爷的林老先生，却清楚知道地脚皮的来历，他还编了一串歌谣：大地张嘴饥又疲，龙王带雨来救急，翠珠飘落还不算，还赐大地一脚皮。

林老先生就是诙谐，他把地脚皮称之为天神搓下来的一块脚皮。不过，还是做“神仙”好，搓下来的“脚皮”都是香的呀！

洞 子 货

我长到十几岁的时候，父亲开的诊所逐渐有了些起色，餐桌上的吃食也跟着“由阴转晴”，雪落的时候，若有客人来，兴许桌面上还有凉调豆角。

大冬天，一份凉调豆角，可是稀罕物，在皖北，被人称为“俏菜”。“俏皮”的“俏”，少之又少，才是“俏”嘛。

印象中，那天来的客人来自远方的村子，也是个赤脚医生，谈话之间，得知他还伺候一个精神不正常的媳妇，生活窘迫，可见一斑。那顿饭，那盘豆角，我们都没怎么吃，全给他“干”掉了，抹了一把嘴，意犹未尽。

冬天怎么会有豆角呢？后来，我才知道有“温室大棚”一说，才知道什么是反季节蔬菜。又后来，我编了一本养生刊物，采访一位老中医时，得知，一切反季节的东西，都是不遵循事物的本来规律的，长期吃这些东西，对身体无益。什么时候吃什么，那是上天的意思，每一个季节都有它的精神，这精神体现在草木上，也走到人的身体里，反着来，打乱了身体的气场。

再后来，我读到《汪曾祺谈吃》，汪先生把这种反季节蔬菜称为“洞子货”，多形象，顾名思义，洞子里产的，大自然的阳光雨露肯定亏欠了不少。一块塑料大棚，欺骗了蔬菜，它们上当了，一旦走出大棚，发现“天地”大变，内心能不寥落吗？

“洞子货”黄瓜

蔬菜的心都萎了，你再吃它，能得好吗？

所以，冬天，远离“洞子货”。

鸡 蛋 蒜

母亲在厨房里熟练地做着早餐，锅里煮熟的鸡蛋冒着蛋白质的香，母亲清洗好蒜臼，把地里新挖出来的蒜头剥皮，露出新嫩的蒜瓣。然后，母亲把剥好的鸡蛋和蒜瓣儿一起放在蒜臼里砸，鸡蛋和蒜的香杂糅在一起，一股辣香扑鼻而来。

鸡蛋蒜

母亲做着鸡蛋蒜，眼泪在眼圈里转动。淡淡地说了一句，大伯若在，现在应该也有九十几岁了。

母亲说的大伯是我外公的长兄，最爱吃的菜肴就是鸡蛋蒜，只可惜20世纪五六十年代，鸡蛋蒜也是稀罕物，并不常吃，但他每吃一顿，都要念叨好几天：若是天天都有鸡蛋蒜吃，就好喽！早年间，外公的哥哥替生产队放羊，向来细心的他从来没有疏漏，可是有一年春天，庄稼长得齐肩高的时候，羊却丢了一只，找了一整天也没有找到。他觉得对不起生产队，也没有颜面在这个世界苟活，于是寻了短见。那年，他刚过而立。

因为一只羊，外公的哥哥搭上一条命，全村人都惋惜。惋惜之余，外公的哥哥也受到了全村人的推崇，说他真讲义气，肝脑涂地也不做对不起生产队的事。相反，那个偷了羊的人，应该受到良心和道义的双重谴责才对。

按理说，鸡蛋蒜和外公的哥哥也没有太大关系，然而，母亲在做鸡蛋蒜的时候，说了这样一句话：大伯他就像这份鸡蛋蒜，宁可粉身碎骨，也要留一份良心的香味在。这与那些厚颜无耻的人相比，是何其难能可贵！

皖北粉丝

初冬的风冷得能把小娃子的鼻涕冻住的时候，我遂想起粉丝。

那时候，我还是小娃子，皴着脸，在村子里跑。院子里的竹竿上，挂着一个个重约五十斤的粉坨。这些都是深秋的时候，用地里刚犁出来的红薯打碎、沉淀做成的。

父亲最害怕我们在粉坨下嬉戏，初冬的冷很可能把兜住粉坨的绳子冻脆，万一调皮的我们碰断了绳子，掉下来，砸到了，可就了不得。

粉坨干的时候，被卸下来，放在院子里。我常常伸手去捏粉坨上的粉，滑腻腻的，很好玩。父亲当然知道这样下去不是办法，索性赶紧把这些粉坨拉到村子东头的作坊里，交给做细粉的师傅，一天工夫，就变成了粉丝。

做粉丝的工序十分简单。先把那些粉坨敲碎，用水和成糊状，再烧开一锅开水，锅上吊着一只漏瓢，瓢下钻着檀香粗细的小孔，把事先和好的粉糊挖到漏瓢里，不停地摇晃，那些粉糊就婀娜地成线状，落到沸腾的锅里。旁边专门有人用大竹筷子一抄，放到凉水里，就可以上竿子了。

这些粉丝被用剪刀剪成一米长左右，搭在竿子上，竿子两端系绳，挂在路边的绳子上晾晒，在阳光明媚的冬日，成为乡村的一道独特风景。

做粉丝一定要等到上冻。凛冽的北风加上霜冻，能够让粉丝笔直且干爽。这样便易于储藏，一直可以吃到第二年春天。吃不了的，再放上一年，也不打紧。

粉丝煨白菜

一把粉丝可以有多种吃法，皖北乡下，最经典的要数粉丝煨萝卜和粉丝煨大白菜。这两样均要用猪肉来打底，吃起来才香得酣畅。

在皖北，一户农家，一个冬天若有几十斤粉丝，就不用发愁了。故而，有“粉丝上楼（码成一层层），今冬不愁”之说。

近些年，乡间做粉丝的人越来越少了。做粉丝很麻烦，且很冻手，通常几天做下来，手都冻得像两只“气蛤蟆”。现在的乡下人也不差两竿子粉丝钱，可是，想吃到地道的红薯粉丝，就难了。

现在市面上所售的粉丝，很少有纯正的红薯粉，多半是被硫黄熏过的，白亮好看，可是对身体无益。或是掺杂了一种胶，百煮不烂，嚼起来像是误把小姑娘扎头的皮筋咬到了嘴里，真可谓“有嚼头，没吃头，落骂头”。上了年岁的人，吃了这种粉丝就要破口骂娘，骂娘又有何用，做假粉丝的人听不见，骂娘的话都被大风给刮跑了。长此以往，不光伤了胃，也伤了肝。

皖北粉丝

看来，吃食也是旧的好，一把粉丝，一冬美味，想吃得消停，还是亲自动手制作为好。可是，又有谁有这个工夫呢？换句话说，又有谁还愿吃得这份苦呢？

粉丝好吃真难做呀！

回 锅 肉

近读李白的《立冬》，尤为惊异，这样潇洒豪迈的人也有慵懒之作：冻笔新诗懒写，寒炉美酒时温。醉看墨花月白，恍疑雪满前村。

岁至寒冬，连李白这样才思如泉涌的人也懒得动笔了，去望时，砚台上已然结冰，还写什么新诗？不如携一团炉火，温酒取暖，直喝到夜半时分。醉眼蒙眬时，看窗外，花已焦枯发黑，月煞白一片，这样的月色，即便是没有雪，也让人怀疑是落了雪，把整个村子都埋在一片银白里。

每临立冬，我遂想起 1988 年的那顿回锅肉。那时候，父亲在一个行政村大队部开着诊所，勉强度日。乡人们的日子过得都很捉襟见肘，看病赊账者不止一人，卖出去的药，收不回钱，父亲只得围着一条围脖，穿着一件军大衣，挨家去收。尽管上门收账，但很多次，父亲都是空着手回来。

回锅肉

那一天，父亲顶着一头雪花讨账回来，这一次没有空手，手里提溜着一块肥瘦适中的猪肉回来，到堂屋里，兴高采烈地往母亲眼前一晃说：“看，今天有肉，赶紧收拾做了吧。”原来，病号是个屠夫，没有给钱，直接把药钱抵了猪肉。

我是跟着母亲到厨房的，在这块红白相间的猪肉没有飘香以前，我口水早已打湿了褂襟。父亲拽着我的衣襟说：“小馋鬼，我们还是去钩些柴火吧。”我屁颠屁颠地跟了过去。

母亲做的是回锅肉，肉切成片儿，洋葱少许，从废旧水槽里（父亲填土，把水槽当成了菜园子）拔了几棵黄蔫蔫的蒜苗，切段放进去。依稀记得那顿饭，母亲放了不少酱油，颜色好看，满屋子都是香味。

皖北这片土地，立冬易雪，多连绵数日。雪似一顶顶盖头，覆在大树一些没有落尽的叶子上。我曾跟着父亲去枯死的树干上钩柴火，竹竿上方，绑着一只铁钩子，手起柴落，嗑啪——嗑啪——这样的声音，我曾一度翻译成“可怕”，把父亲乐得呵呵笑，多年以后，还拿这句“可怕”说事。冬天的柴，干得很，在锅灶里嘶嘶地吐着火舌，父亲烧着锅，我在一旁暖着手，烤着火，脸颊很快暖意融融，不多时，也能闻到回锅肉的香了。

母亲做的回锅肉，肉皮脆，肥肉不腻，瘦肉很香。那一年，我才 6 岁，一个人吃了三个拳头大的馒头。这事说给多人听，大家都在怀疑是我记错了。我确实没有记错，因为，整个下午，直至晚上，我的饱嗝儿里还有回锅肉和酱油的味道。

这事儿一晃已然 20 余年，此后的日子里，我吃了无数次回锅肉，都没有那次的香。可能那次是“久旱逢甘霖”的解馋，也可能是往后的养猪人给猪仔喂了太多的添加剂，总之，今肉不似那年香。

想起那年回锅肉的香，我曾一度埋怨自己不会画画，不能把当年父亲要账、钩柴，母亲做肉，我如饕餮的整个过程给画下来；还有那年的雪夜，我们钩下来没有烧的柴，被大雪冻得咧开了嘴。

羊 蹄 记

这一日，兄弟郭浩天要动身去连云港。我说，生猛海鲜你吃得多了，不如我领你去吃一样味道更甚的美食吧。

一个“更甚”充分吊起了浩天的兴趣，去就去呗。

我说的这道美食就是羊蹄子。

早年间，人们宰了羊从来都不要羊蹄子，后来，等我们上高中的时候，羊蹄子卖到五毛钱一只，再后来是一块，到现在已经是六块了，大的、味道好的恐怕还要更多。

做羊蹄子可是一件细活儿。首先要去毛，这可是个大工程，那些纤细的羊毛根深蒂固地长在上面，十分难以去除，一根根拔出来，显然不太现实，那不是享受美食，而是自虐。

怎么办呢？旧时候，都是把黄香（一种松脂）烧化了，把羊蹄子一只只放进去，来回翻几下，羊毛都已经化在了黄香里。

也有粗糙的吃法，把沥青用大锅煮化了，把羊蹄子一呼啦子放进去，随意倒腾那么几下，羊毛消失殆尽。这种吃法很武夫，也不卫生，对于羊蹄子

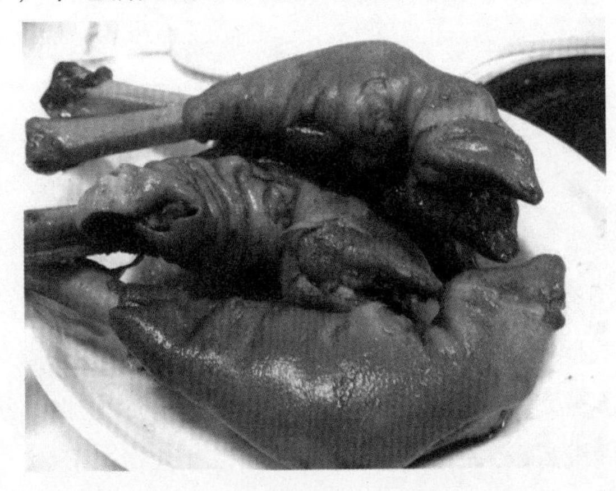

美味羊蹄

这类美食，简直是暴殄天物。

当然，也有懒人这样做：先把羊蹄上的羊毛剪了，然后，烧一堆炭火，把剪掉毛的羊蹄放在火头上燎几下，卫生倒也很卫生，就是羊蹄表面的胶原蛋白给破坏了，吃起来，羊蹄肉也少了几许鲜美。

去毛之后，就是清洗，然后，上锅蒸煮几滚儿，去除血腥味儿和膻味，把汤倒掉，继续加水和作料进去。作料需用上等的香料，蒸煮最好用高压锅，半个小时工夫，羊蹄子就做好了。

捞出来一只，肉质嫩如果冻，羊蹄筋耐嚼且香，一个人吃上五六个完全不在话下。

羊蹄子里含有丰富的胶原蛋白，营养丰富，美容抗衰老，简直堪称“行走的人参”。

羊蹄，有“扬鞭奋蹄”之意，多适合在友人分别的时候佐酒。此番请浩天来吃，一是味美，二为践行。

浩天说，两根羊蹄子，又不是羊腿，还能吃出这么多的“道道”来。

我笑了，这不是因为你要远行“上道”了吗？吃上两只，壮脚力，两只小腿跑得快……

遭遇羊奶渣

去西关吃羊肉汤，朋友执意要在汤里加一样菜，乳白色，稍稍泛黄，比豆腐要硬许多。我问朋友，这是什么菜。朋友说，羊奶渣。

羊奶渣是母羊被宰杀后，残存在母羊下腹的羊奶，已然结块，估摸着天下所有的母羊都有危机意识，知道给自己的后代备存食物，于是，才有了羊奶渣。

我不喜欢吃羊奶渣，总觉得有种怪怪的味道，似农家所制作的酱饼子，泛着淡淡的臭。朋友说，要吃的，世间的诸多事物都是这样：闻着臭，吃起来香，譬如臭豆腐，譬如臭鸭蛋，给肉也不换，也譬如羊奶渣。

吃羊奶渣，总让我想起一头羊的命运，想起自己的羊口夺食，想起那些或许还未被奶大的小羊们，此刻，不知在何处嗷嗷待哺。

朋友听了我的担忧，笑了，说我一块羊奶渣还吃出了悲悯之心。

我说，人是要有些悲悯心的，不然，何以谈善，何以谈同情心。

朋友不再言语，兀自吃着羊奶渣。我无心下咽，一碗羊肉汤也因为放了羊奶渣而剩下了。

餐馆老板看我吃不下，前来为我支招说，你就只当是蒙古人吃的奶渣饼就好了。

羊奶渣

我吃过奶渣饼，是甜品。再说了，它的来源是牛奶，而非真正的奶渣，异味就少了许多。我还是过不了这一关，就像我吃不了毛鸡蛋之类血肉模糊的食物。

餐馆老板再支招，你只需放下辣子，就可以了。

我放了辣子，还是对羊奶渣有所避讳，尽管一大桌子人都吃得挺欢，我挑出了羊奶渣，不管它是传说中的如何香，然后，大口喝下剩余的羊汤，只觉得出了一身透汗。

遭遇羊奶渣，好半天放不下。

荆芥外腰汤

荆芥是皖北名城亳州遍地皆有的吃食，叶尖，叶面阔大，棵矮，吃起来有薄荷味，可以凉拌，也可以做汤。

外腰为何物？提起这个，当初还闹过一段笑话。

上高中时，一帮男女生去吃烧烤，有孜然外腰，叫了一份。有一位女生在烧烤摊大声问，什么是外腰？什么是外腰？弄得我们一干男生哑口无言。怎奈，越是不吭声，那女生问得越甚。迫于无奈，一位知晓的女生偷偷拉了一下她的衣襟说，就是“羊的敏感部位”。那女生还大声嚷嚷，什么部位？我们一帮人作鸟兽散。

他日，再遇此女生，均绕道而逃。

所谓外腰，也就是羊的外肾，学名“睾丸”。吃外腰，多吃羊外腰，中医认为，它有滋阴壮阳的作用，能补人身体虚弱。

羊外腰，可以烧烤，做汤也极为滋补。做羊外腰，要先用刻刀做成腰花，在沸水里焯一下，即刻拿出，在羊汤里煮，佐以胡椒、生姜片、桔梗等。汤煮好了，再放上些许荆芥，看起来青枝绿叶，又能避羊的膻味，味道极其鲜美。

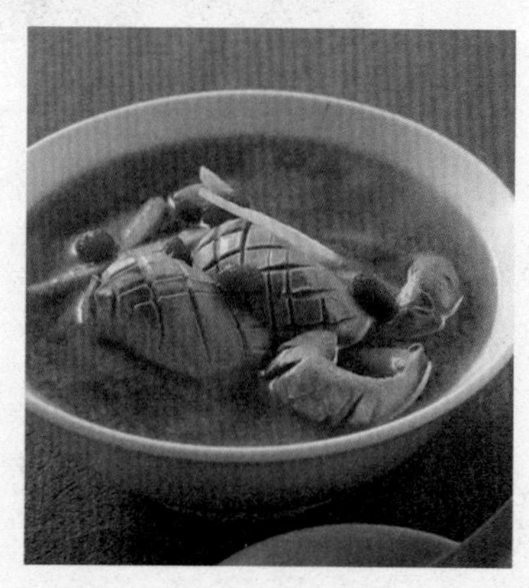

荆芥外腰汤

在其他地方，外腰汤一般在医院附近才有，主要是为了补大病初愈的病人之虚。而在皖北亳州，处处讲求食药膳，荆芥外腰汤极为盛行，是外地人来亳州必点的一道药膳。

我第一次吃荆芥外腰汤是在参加工作的第一年。单位领导体虚，需要进补，于是逢餐必食荆芥外腰汤。一次，我们在一处农家乐吃饭，地方很开阔，方圆十余亩，点餐的时候，老板娘走进来，向我们推荐荆芥外腰汤。我听老板娘的声音很熟悉，抬头一看，这不就是当年那个不知外腰为何物的高中女同学吗？

那一刻，我的脸刷地一下红到了脖颈，花了十分钟的时间忆过往，她很开朗，回忆自己的高中生活，用了“大大咧咧、傻乎乎”这七个字。那顿饭，我总能想起当年烧烤摊的趣事，边吃边暗笑，弄得一起吃饭的同事不明所以，打趣我说，怎么了，和老板娘年轻时“有情况”？

我连连摆手，且笑，一口外腰汤呛得我咳嗽了半天，有一股浓重的羊膻味。

我估摸着，这也许就是岁月的味道。

白露打枣，秋分卸梨

“白露打枣，秋分卸梨。”这是中国北方很多地方的习俗，皖北一带也不例外。

孩提时分，每每到了白露时节，枣子就开始赤红脸膛了。这时候不用它开腔，自有顽童举着一根和自己年岁差不多的竹竿来打枣子。枣子纷纷落下，如一阵甜香的雨，下面铺的是被单，它最先感知枣子的甜意。

到了秋分时节，祖父也用手推车推着我向田间走，刚到地头，园里的梨子黄灿灿地冲着我笑。它面部的斑斑点点像极了星空，撩拨着我的味蕾。那时候，我坐在祖父肩头，伸手便可够着梨子，拧下来，放在铺着毛毡的篮子里。这样的梨子是脆弱的，像是大户人家的女子，遭不得半点磕碰。

枣子是北方特有的吃食。它们耐得住干旱，相反，南方濡湿的空气，遍布的湖泊，它们还呆不惯，只习惯在黄土地上，锻炼着自己的心性，幽幽地发着甜香。枣子是适应力极强的果实，在戈壁乃至沙漠地区也能生长。环境凄苦，枣子们如点点火苗，点亮一树风光，很有些喜气。所以，中国人院子

“赤红脸膛”的枣子

里喜种枣，也是为了讨喜。每每有婚礼，都要在新婚前夜，在新房的被单上撒下枣子、桂圆，寓意“早生贵子”。

梨子也是适合在深秋吃的果实。我的家乡安徽亳州，是一个药都，每每遇到有孩童咳嗽，根本不需要去医院，只需要到药材市场买来贝母，到水果店买来梨子，加上冰糖在锅里熬煮，做成羹，连吃三两天即可痊愈。这些，都是故乡的恩赐。梨子的水分足，能解渴，也可治肺痨。相传，五代时，有人患有此病，且需要坐船出行，心生一计，在船舱里载半舱梨子，泛舟而下。船行半月，恰到岸，梨子吃完了，肺痨也治好了，真叫一个大快人心。

想起这些逸事，再次念叨着“白露打枣，秋分卸梨”这些颇有诗情的句子，突然想起它的后面还跟着极为朴实的一句，如佳肴过后的一盏清汤，那就是“九月的柿子黄了皮”。其实，到了九月，柿子的皮何止是黄了，也薄了。柿子的脸皮渐薄，却也会逢迎人的胃口，撕破脸皮，取悦你，甜煞你。

写到这里，简直让人舌尖生津。

故乡的枣子先于故乡人知晓第一滴白露的降下；故乡的梨子也先于故乡的飞禽知道秋分的到来；故乡的柿子也先于任何草木懂得季节的风凉。枣子、梨子、柿子，这些最美的吃食，也是最有灵性的小脑袋，伸着头打探着秋风里每一丝大自然的信息。这些坐探，哪有什么好下场，一个个都被饕餮的胃口吞下。然而，转念一想，作为一枚果子，最大的价值不就是让人大快朵颐吗？如此说来，它们这又是愉悦地“自投罗网”！

念念秋分

在日历上看到节气，已经是秋分了。《春秋繁露·阴阳出入上下篇》中有云：“秋分者，阴阳相半也，故昼夜均而寒暑平。”这样的句子，让人想起了左河水的诗：“日光夜色两均长。”到了秋分，昼与夜就都不矛盾了，谁也不比谁多，谁也不比谁少，这样一种势均力敌，在秋分这一天，把秋天分成两半，也把一年的昼夜时长分成两半，好高明的中庸之道。

秋分一过，天空就没有雷声了。从此，雷公退守天际，一年的工夫全忙完了，且待来年春天，春雷滚滚，把一年的物候唤醒。不打雷，下雨的日子也就少。这时候，正是秋种的时节，记忆里，皖北大地上，早就开始一阵忙活，耧也开始在田里“立足”了，恰是一年中的小麦播种季节。

何止是小麦，就连过冬的秋虫也开始给自己张罗住处：在土里，它们给自己造一个安乐窝，待到天气转凉，便能在窝里睡一个舒服觉。难怪古书上说，秋分有三候：“一候雷始收声；二候蛰虫坯户；三候水始涸。”

我有时候想，所有会蛰伏的动物，一定都是盼着秋分的，因为它们很快就可以给自己张罗度假了，像是上班族盼着周末的到来。其实，转念一想，在秋分以后，能做一个蛰居的动物也不错，给自己放一个悠长的假期，然后，一觉醒来，春暖花开。

秋天也正是进补的季节。秋天到，蟹足痒。秋分节气，正是吃大闸蟹的季节。一开始，我最怕吃这种华而不实的东西，不是不想，而是不敢，主要是不知道如何下口。

我生在江淮平原，平日里哪有大闸蟹这种东西可吃，在合肥上大学的时候，一次在晚报社实习，招待单位准备了大闸蟹。张牙舞爪的大闸蟹一上桌，所有人都摩拳擦掌去吃，而我，却不知道该怎么吃，吃那些部位，只有借故不爱吃，给了别人。现在想想，可惜了，上门的美味给了别人，这可不是“吃货”的风格。

再也没有任何一个节气比秋分适合吃粥。田畈里，南瓜已经下来，豆类、花生也都已经颗粒饱满，若是红薯种得早，这时候，也该可以煮来吃了。这是田园犒赏农人的季节，也是最适宜休养生息的季节，一年中最清闲的好日子刚开头，且吃粥，做一份南瓜粥、青豆花生粥、红薯粥，都是不错的选择，吃得人汗津津的，通身暖意，就不在乎什么秋凉了。

秋分以后，天就亮得慢了，却要早起，这样的节气最适宜晨练。《素问·四气调神大论篇第二》曰：“秋三月……早卧早起，与鸡俱兴……”早睡早起，锻炼身体，在秋分节气，最宜养生，也最能静心。

清晨起来，在小区旁边的公园里散步，鸟雀啁啾，叫声里已经有了些许隐忍的意思。路边的草色也不似早些日子那样青碧嚣张了，好像是一个人，进入了知天命的年纪，凡事看得开，看得透；也像是那碧潭里的水流，在秋分以后，洞明得连一条鱼都藏不住了。

在岸边寻找一条鱼，在心里念及一个人，也只有在秋分，怀人也怀得寥廓。

霜降时的吃食

霜降以后，最好要到乡村走走，感受庄稼收获以后平原的空旷与辽阔，也只有在这时候，才能体会到“暧暧远人村，依依墟里烟”的情景。尤其是清晨的田野，庄稼收获殆尽，树木黄叶几乎落尽，树枝如伸开的手臂，脉络毕现。这时候，到田野里觅一些吃食，恐怕除了大白菜，就是一些干货了。

大白菜煨粉丝，是乡间人亘古不变的吃食。粉丝是去年的，这一年的红薯还在地里，有的还没有收获。乡间人吃东西条件就是成熟，把去年的粉丝拿出来，放在压水井的水流里冲去尘埃，然后放在沸水锅里煮一滚儿，捞出来，放在瓦盆里——为什么要用瓦盆呢，旧时的乡村一直就是这样做的，瓦盆里有一层釉彩不会粘盆，另外，瓦盆有良好的透气性，可供处在半醒半睡之间的粉丝自在呼吸。然后，炒一下大白菜，大白菜半熟时，把粉丝下锅，稍事搅拌，放一些水进去煨煮。

做大白菜炒粉丝，最关键有两样作料。一是油渣（提取猪油后的脂肪剩余物），二是小辣椒。油渣可以用来提高菜肴味道的厚度，小辣椒一定要产自淮北平原，火红一片，这样的小辣椒才和当地产的红薯粉丝有契合度。外婆是地道的农家人，烧得一手地道的乡村菜。她说，当地产的大白菜、粉丝、辣椒在一起合作，是“一朝天子一朝臣”。白菜、粉丝是主菜，小辣椒是辅料，互相配合，才能有味。从外婆朴实的思想里，我感觉到“治大国若烹小鲜”原来是从锅台上感悟演化而来的。

霜降以后，田野一片肃杀的气息。除了稍微能耐寒的大白菜，农家餐桌上常见的要数一些干货了，霜打的红薯叶，可以下面条锅，我已经不止在一篇文章里写到；还有芝麻叶，也是上好的下锅美味；芝麻叶与红薯叶相比，还有一种独特的香，这香味来自它叶面上的油脂，用它来煮杂面条，味道更堪一绝。

还有一些，也能带给我们的味蕾一些实实在在的干香。譬如，干豆角，可以用来烧肉，很能下饭；干黄花菜，和干豆角的功用差不多，还有一些难能可贵的花香在里面；南瓜笋，用嫩南瓜和草木灰沥干，也可以煮肉；苔干或苔干叶，可以用来炒菜或做包子馅儿……总之，旧时，没有大棚蔬菜的乡村，农家人一样过得很好，吃得很香。如今，大棚蔬菜尽管让人们的餐桌色彩斑斓，但未必就能吃出时令的味道来。

老祖宗告诉我们，什么时间就办什么事，什么时令就吃什么菜。这是遵循天地规律，是乱不得的，否则，你会逐渐发觉，你身体和心灵的轨迹也将逐渐偏离。

霜降芋叶肥正美

寥廓霜天后，清晨须起早。起早就往田间跑，红薯地里把叶捞，芋叶焦黑似炭煤，面条锅里煮翠微。

这是流传在淮河流域的一首民谣。对于一把红薯叶（我们这里的人喜欢称之为“红芋叶”），总有人不吝用“翠微”这样的字眼来形容它。其实，霜降以后的红薯叶，哪里还能称得上是翠微呢，已经“黑似炭煤”了。

淮河流域多喜种红薯，用来当主食，或者打粉做成粉条，切成红薯片在野地里晾干后煮粥……在饥荒的年月里，人们还从红薯的秧苗上开发了数道美食，红薯梗可以焯水晾晒风干，是最美的菜肴。霜降以后的红薯叶用来下面条锅，非常俏皮。

面条一定要是杂面条，高粱面甚好，在锅里一通乱煮。红薯叶要事先用热水“醒”过，焦干的红薯叶在热水的浸烫下，叶片伸展，脉络毕现，放进面条锅里，待到与面条煮上半个钟头，面条汤几近粥状，红薯叶也厚如初春的木耳，只不过比木耳稍薄一些。这样的红薯叶面条，透着干爽的植物气息，暖胃通透，很能开胃。

清炒红薯叶

有一位诗人文友来故乡，我专门请他吃过一顿红薯叶杂面条，他连吃三碗仍意犹未尽，还要再吃，被我拦住，劝他说，美味不可多用，留点念想给下一次吧。他称赞红薯叶为“黑寡妇”，这倒十分形象。仲夏的红薯叶被做成青团，那时候还是少女，一味是鲜，并没有太多内容；霜降以后，红薯叶饱经风霜，浸润了人间烟火，在俗世的烟云下，有了韵味，增了阅历，回味自然悠长。

一个“黑寡妇”，把红薯叶叫出了年代感。红薯叶风行餐桌的年代，大多数人的吃食并不丰盛，一年四季，唯独冬日少有青叶时蔬，红薯叶只不过是接济品。而今，一年四季都有大棚作祟，蔬菜也紊乱了自己的生长规律，但红薯叶依然是稀缺的美食，皖北地区各大餐馆每到冬季依然流行吃红薯叶杂面条。

“黑寡妇”的命苦呀，人世的风霜让它憔悴了容颜，到头来，一生陪伴的都是杂面条。它一辈子都没有“主流”过，但世间关于她的浪漫传说一直流传，一直被人“津津乐道”。

关于霜降，诗画双绝的吴藕汀写过一首《霜降》：“登高吃酒久阑珊，开在篱头花又檀。霜降尖团肥正美，囊悭惟有画中看。”尖团是蟹的代称，霜降以后，还吃什么螃蟹呀，早已过气了。这时候，吃上一碗红薯叶杂面条还是不错的，为即将到来的冬天积蓄一点暖意。

化用一下：霜降芋叶肥正美。

想起麦冬

父亲陪人去钓鱼台古迹的白果树下散步，发现一丛近乎麦子，又像是韭菜的植物。它的叶子比麦子的叶子更纤细，比韭菜又少了些水润，别人不知道是何物，做中医的父亲淡然一笑说：“麦冬。”

麦 冬

父亲把白果树下的麦冬移栽在家里。深秋，有客人至，望见院子里一丛绿油油的植物，惊呼："你家韭菜长得真旺，这个季节还青翠着。"父亲再次解释说，是"麦冬"。

一丛丛麦冬，给了父亲不少骄傲感。

麦冬，单从字面意思上看，是"能够过冬的很像麦子的植物"。

麦冬很像是植物中的文人，疏疏朗朗，比兰花小一号，很儒雅，难怪它还有个很好听的名字叫"书带草"。

即便是在戏曲里，也像是许仙一样的白面小生。柔弱中带着善意，善意中又透着坚强。

麦冬可入药，一年两生，7 月和 11 月左右各生一次根，根如花生，比花生要纤细一些，甜，后味有些苦，能够滋阴生津，润肺止咳，治咽喉肿痛。

小时候，我易上火，父亲常常从他的药橱里取来一把，拿给我，当"糖果"吃。这份待遇，只有医生家里的孩子才有。

麦冬的花很好看，淡淡的紫，不似桔梗花浓艳，透着清淡的气息在其间。花开的季节，闻香可以除烦忧，最知心，最通人性，最解风情。

天气入冬，风口里像噙着一枚枚绣花针。这时候，偏又空气干燥。每到这个季节，故乡人都喜欢到药材市场买回来一些麦冬，再去菜市场买一些红枣、冰糖，回到家里来煮粥。麦冬粥是个好东西，吃起来，能润肺生津，还有助于美容养颜。在故乡，有女孩子厌食，母亲多会煮麦冬粥给她们吃，若孩子不依，母亲多会列举远近十里最邋遢的女人告诫孩子，看，若是不吃麦冬粥，以后就要变成她那副样子。女孩子听了，哗啦哗啦，三口两口就把一碗粥给吃完了。

当然了，麦冬粥哪里用得着这么个劝吃法？粥还没有煮好，香味就飘满屋子了。麦冬的药香、红枣的甘甜、冰糖的润，直逼你的鼻孔，瞬间打开了你的味蕾，挡都挡不住。印象中，母亲煮麦冬粥时，多喜欢加一些小米进去。母亲说，小米与麦冬结合，最易催发出粥内的维生素，这是养颜的王道。

一副麦冬，吃法何止这一种。泡茶也是不错的选择。祖母在世的时候，爱抽烟，做中医的父亲劝她不下，就喜欢泡麦冬菊花茶来给她喝。喝过以后，祖母喜欢把泡茶后的麦冬吃掉，如啖枸杞。父亲说，麦冬可以滋补肺脏的津液，特别能抗秋冬之燥，还能治咳嗽，消解人心头的抑郁和烦躁。常吃麦冬的祖母后来感悟到，喝了麦冬茶之后，自己的火气消了，心情也开朗了不少，举步出门，众人皆说她笑呵呵的，脸上也有了红光。

在故乡的餐桌上，麦冬真是无处不在。前不久，一帮人去吃火锅，菜单上，赫然写着“麦冬清汤火锅”，想都没想，旋即点下了这个。脑海里想起做医生的父亲念叨麦冬的千般好，想起故乡人赞誉麦冬的万般妙，再想起父亲在院子里移栽的麦冬，想起密密麻麻的药橱上星星点点的中药材名字，突然发觉，在中草药的天空里，麦冬是父亲最爱的，也是最亮的一颗星。

小清新萝卜干

有许多吃食都历经岁月的沉淀，譬如萝卜干。

乡间，农人腌制萝卜干的程序极其简单，深秋，把新收获的萝卜洗净了，切成条状，放在门板上晒成半干，这是给水萝卜脱水的过程。这一过程结束之后，要用地锅烧开水适量，把配好的作料放在开水里煮沸；放凉后，准备一口缸，先把脱水后的萝卜放进去，敷上一层盐；然后，把作料水倒进去，缸口敞开，放在阳光下晾晒；隔几日，再撒上一层盐，约莫半月过后，萝卜干就制作完成了。

萝卜干可以用麻油调，是道好菜，很开胃，也很下饭。也可以就着粥喝，在初冬的早间，窗外落了一层霜，我们就这样一口粥、一口萝卜干地吃下去，直吃到周身暖意融融，出门去，爽朗的一天启幕了。

萝卜干

小时候，农村菜少，田里收下来的菜多被拿出去卖掉了，尤其是到了冬天，青菜连个影子也见不到，清一色的萝卜干，还有雪里蕻。在餐桌上，雪里蕻用来炒饭，萝卜干用来佐餐，两样都是极咸的菜，却让人越吃越上瘾。

若是你能吃辣，还可以炸一些辣椒油淋在上面，咸味上面又陡增一重辣，就更够味了。

吃萝卜干比其他的菜品更有意思，因为，萝卜干吃起来，唇齿之间会发出咯吱咯吱的声音。这样的口腔共鸣音听起来更诱人，又为萝卜干增添了一重吸引力和神秘感，总给那些不喜欢吃萝卜干的人一种跃跃欲试的感觉。

写这篇文章的时候，正是早晨，阳光透过窗子爬进来。我端起一碟小菜——萝卜干，大碗的地瓜粥来上一碗，吃得人汗津津的，畅快清爽，丝毫不沾油腻，既能给肠胃休假，又能给自己清心，怎一个美字了得。

当排山倒海的荤菜轮番轰炸味蕾之后，我们欢迎吃食界的小清新——萝卜干简装登场……

腊　　菜

腊菜是一种素菜，青绿色的阔叶，如花一般，又名“花叶腊菜”。这种菜像是长疯了的野白菜，在身材上又比野白菜要修长一些。过了立冬，就要从田里把腊菜连根拔掉了，回到家里，先不洗，放在板车上晾晒两三天；然后去根洗净，码在缸里，一层层撒上盐；腌上一周左右，拿出来，挂在绳子上晾晒，约莫晾晒一周，就可以食用了。

小时候，我特别喜欢看母亲晒腊菜的情景。葱绿的腊菜，放在箔上来晾晒。秫秸箔子的香特别好闻，腊菜的叶子特别好看，还发出一种湿润的香气。那时候的阳光真好，我捧着一本书，裹着父亲的大衣在太阳地里，看一会儿就恹恹欲睡了。乡下人将此称为“晒暖”，也就是古人所说的“负日之暄”。只不过我晒暖的环境很讨喜，有腊菜在，满目葱绿，甚为悦人。

腌腊菜是皖北地区家家户户必有的吃食，有一句俚语用来形容这里人吃腊菜的情景：“腊菜上桌，一家人乐呵呵。”缘何这么高兴，一方面是因为腊

腊　菜

菜的美味；另一方面是因为腊菜开胃，冬季又是需要进补的时令，胃口一开，身体就“发福”了。

腊菜的吃法有多种，可以直接炒黄豆来吃。黄豆要事先浸泡，和腊菜一起吃，黄豆蛋白的香加上腊菜的鲜，吃起来，很能下饭。也可以用来煨肉，用腊菜打底，铺在碗底，可以解腻，味道上也能渗透一些蔬菜的鲜香。

最好吃的要数猪耳腊菜。猪耳切成丝，腊菜也切成两毫米左右的细丝，佐以蒜苗，放在锅里爆炒。猪耳脆，腊菜鲜，蒜苗辣，味道上可以形成一股小风暴，瞬间在你的味蕾上“摧枯拉朽”。

早间，猪耳是很贱的吃食。买不起猪肉的岁月，母亲会从村里的屠户那里买一些猪耳来炒腊菜。八岁那年，我就能一口气吃下两个大馒头。这些，都是腊菜的功劳。

20 岁那年，我到合肥上学，合肥很少有人吃腊菜，吃的多是雪里蕻。雪里蕻切成丝以后，较细一些，味道上也较为细腻，不若腊菜的酣畅。估计和地域有关系，一方水土养一方人嘛，合肥在地域上靠南一些，人的心思较为细腻温婉，不若皖北的豪放中干。看来，吃食也在一定程度上左右着人的性格。

腊　　肉

腊肉的发明初衷，到底与美味存在着多少关系？这里，还真不好说。我只能从一个乡间少年的角度，把 20 世纪 80 年代到现在，所了解的腊肉说给大家听。

腊肉，顾名思义，就是腊月里开始做的肉食。其实不然，腊肉，其实名为腊（xi）肉，这个字的繁体字与腊肉的“腊”字是一个字，所以，才有了人们对腊肉望文生义的误读。

印象中的皖北乡村，一进冬月，村子里就开始忙碌了，有养殖户，会宰一头猪，自家吃不完，分成小块卖给众邻。这些买回来的肉，留下部分待客之用，剩余部分（要求有肥有瘦），就用盐巴腌起来，然后过上一两天，用绳子系好，挂在外面的晾衣绳上去晾晒。三九寒冬，冰天雪地，单单是冻，也把肉里的水分给蒸发掉了，何况晴天以后还有太阳！

由于盐充分进入到肉里，这样制出来的腊肉易于保存，吃上个半年是不成问题的。然而，旧时的乡村，乡下人大都不甚富裕，做好的腊肉在腊月里还舍不得吃，要留到第二年开春以后，有一个特殊的日子，那就是“二月二”。

古人云：“二月二，龙抬头。”在我们这些乡间少年的心里，不自觉就把这句顺口溜说成了“二月二，吃腊肉”。在皖北，腊肉的做法只有一种，那就是切成薄薄的小片儿，然后用鸡蛋和面粉调成糊状，面糊调制好以后，把一片片腊肉放在面盆里，裹上一层面糊，放在沸油里炸，这样吃起来，很能解馋，也很下饭。

当然也可以煎，这样做出来的腊肉多了一丝韧性，也不那么油腻了，通常女孩子偏爱此种吃法。若说再有其他吃法，我所见到的只有隔壁女主人的

蒜苗腊肉

吃法。她是四川嫁过来的，喜欢把腊肉切成片，放在大米饭上蒸食。这样蒸出来的腊肉，沥去了油脂，肉色还显得明晃晃的，冒着油，沥去的油多半被米饭吸收，丝毫不腻，一问才知道，这是她四川老家的吃食。后来，这种四川吃法，很快在村子里流行开来，再后来，我发现皖北许多地市也都这样吃了。不可否认，人员的流动，促进了吃食的融合和改进。但是，我最怀念的还是那种油炸吃法，那种解馋的感觉，最能勾起我对那艰辛岁月的回味。

冬天做出来的腊肉，到了二月初二这一天，通常是一顿就吃完了。如果意犹未尽，想再吃，就要再等一年了。到了春天，做腊肉的条件就不成熟了。非要吃，除非放在冷库或冰箱里冻，但这样做出来的腊肉，味道上，总让人觉得不够酣畅，似乎是缺少了严冬的历练，缺少了岁月里的风烟之气。

吃剩馍与吃落昏

皖北和皖南在吃饭的说法上，有着很大的不同，尤其体现在吃晚饭上。皖北人喜欢把吃晚饭说成是“吃剩馍”，皖南人喜欢说成是“吃落昏”。从字面上看，一个是物质社会，一个是精神社会，大相径庭。这么说，也不代表皖北人就土气了，其实，在“吃晚饭”的称呼上，皖北人还喜欢说成是“喝茶”。

“喝茶没有?”这是皖北人习惯上与人搭讪的一句话。若你是个外乡人，乍一听这话，好半天找不到头绪，会说“没呢没呢”，心里还会念叨着：“皖北人这么休闲浪漫，逢人且问‘喝茶没’。”

皖北人喜食面，主食是馒头，俗称“馍”，一顿吃不了的，下一顿放在蒸屉上用水蒸气馏一遍，这就是所谓的“吃剩馍”。一般情况下，一天当中最后剩下的馒头都在晚上，当然是“吃剩馍”了。

皖南人喜吃米，主食是大米饭。为什么习惯上把吃晚饭说成是“吃落昏”

呢？也许你还不知道，皖南人习惯上把吃早饭说成是“吃天光”，怎么都和天空有关？仔细想想，也不意外，皖南多山，崇山峻岭，一天到晚都见不到日光，太阳是一天中唯一的奢侈，因此，天亮了，人们才开始吃饭，久而久之，天光大亮去吃，就成了“吃天光”；晚上日沉西山去吃饭，当然就是“吃落昏”了。

只不过在吃晚饭的称谓上，皖北人的称呼像是“小说”，皖南人的称呼像是“散文”。深究一下，这也与两地人的性格有关，皖北人粗犷，性格豪放，朴实无华，吃什么就是吃什么；皖南人性格细腻温婉，颇富有诗情，善于发现生活的细枝末节，所以，在称谓上，也就有了些许区别。

皖南人没事的时候喜欢“仰望天空”，因此，多思想家和文学家；皖北人没事的时候喜欢脚踏大地，因此，出的政治家和改革家较多。南北之分，一个看的是徽州的山头，一个望的是皖北的村口。关注点不同，视野也有了分别；热衷的事情不一样，人生的走向也有了差别。

一顿晚饭，皖北人看重的是食物本身，皖南人看重的是一角天幕，一个务实，一个务虚，南北交融，这才成就了徽文化的伟大呀！

炒饼里的母爱

以合肥为界，在相近且经典的吃食上，南有年糕，北有死面饼子。

年糕自不必说，全国皆有，朝韩也很风行。然而，死面饼子就少之又少了，像极了隐忍且低调的母爱。

死面饼子的做法极其简单，拿瓢挖面，掺水，和面后，用擀面杖擀至薄豆腐的厚度，用刀刺啦刺啦划成方块状，撒上些许“面步”，锅开后，放进去，不时即可食用。

因为没有经过发酵，死面饼子有一股地道的面粉香，原生态到不能再原生态。做好的死面饼子，可以佐皖北的豇豆来吃，最好浇上辣椒油，非常开胃。这是最省事的吃法，若要麻烦些，花样多一些，就要做炒死面饼子了。

炒 饼

先把饼子切成条状，宽度与指头相宜，饼子切好后，找来两头洋葱、青椒少许，还可以放一些胡萝卜丝；然后，把这些蔬菜炒一下，再下饼子，两个来回，放一些番茄酱进去，不多时即可出锅。死面在蔬菜中仿佛起死回生一般，两者相得益彰，把各自的味道融汇到一处，直击你的味蕾。

小时候，我常吃这种炒饼。有时候，还会在饼子里放一些小苏打，有一种别样的香。但指望小苏打发面，一定会让你失望，所以，还是死面饼子，味道上却有了厚度，吃起来，口舌之间，小苏打的香甜在腾跃翻滚。旧时的乡村，吃食单一，母亲每隔一个星期，都要做一次炒饼，给口腹一些新鲜感。

每位母亲都是发明家，在美食领域里，怀揣着浓浓爱意的她总能做出一些你意想不到的吃食，带给你一些惊喜。记得有一次，母亲在制作炒饼时，在死面上裹上一层黄澄澄的鸡蛋，并不放青菜，而是放在汤锅里煮，然后勾芡，味道与茄丝粥相近，实在温暖，大喝两海碗，让人大呼过瘾。

苋菜成熟的时候，父亲常常在熬煮的炒饼里放几棵进去，不用放酱油，色彩也很好看，油花与苋菜的汁液搅在一起，盛放在青花瓷碗里的时候，侧看，有一种彩虹的感觉。

母亲哪里懂得吃食审美？她只不过是在尽其所能，给每一餐饭制造一些别样的美感。所以，对于这些，一位诗人朋友说："母亲的心地是最柔软的，一块石头放上去，她总要想方设法开出花来。"

早年，在顽石一样贫瘠的乡间，食材越是简陋，人的胃口就越好、越难满足。如我一样没有见过世面的孩子，嘴巴里素净得连一块油脂也不多见。为了改善我们的生活，母亲用自己内心的灵机，把一份炒饼做得活色生香，让我们从中吃出母爱的光芒来。

炒饼有多好吃，母爱就有多伟大。

露寒且吃茄丝粥

露珠抱成团瑟瑟发抖的时候，新播撒的小麦在田垄里睡觉。田畈里，所剩的作物不多，还有一些秋茄子。第二天一早，在阳光下，露珠挂在紫红的腮边，似一滴相思泪。

寒露以后，茄子最好吃，不是说茄子的嫩，而是说它的纤韧。夏天的茄子好似少女，不经事，空有一副水嫩；入了秋的茄子，饱含了时光阅历，吃起来能品到浓浓的人间烟火气息，舌尖上，还有一种"才下眉头，却上心头"的牵绊感。

雁阵惊寒，高高地迁飞。空旷的田野里，茄子寂寞着，等待着食客们的问津，而恰恰是这样一问津，就要了它的命。人与蔬菜，这样一种虐恋，让我说什么好呢？

茄丝粥

岁时寒露，最适合吃茄丝粥。

茄丝粥的做法十分简单：茄子切成丝，拌上面，在锅里煎炒，待到煎炒黄腾腾的一条条，有了茄子的香味后先放一边；然后等锅里的粥煮开后，再把事先炒好的茄子放进去煮，当然，若要味道鲜美，还可以放一些蔬菜叶和番茄进去，这样就多了几重鲜香。

印象中，少年时的我，每到深秋，都要求着母亲给我做这样的茄丝粥，我总认为，这样的茄丝粥里有一种肉香。我至今弄不明白，说茄子有着肉的香，是茄子的幸运，还是肉的荣幸。只知道，每每母亲做好了茄丝粥，我总要连吃三大碗，是乡下农家的那种粗糙青花瓷。乡间吃饭喜聚在门前的柳、楝树下，我也觉得，茄丝粥只适合在这样的环境下吃。树上，零星有一声两声寒蝉在凄切地叫着，在这午后依然有些焦躁的秋天，我筷子飞舞，嘴角欢畅，直吃得腆着肚子送碗回家，那满头的汗珠，是我对母亲所做的茄丝粥的最高褒奖。

吃茄丝粥也只能在这样的时令，太早了或太晚了，不光茄子没有这样的味道，而且气温也不适宜，吃不出汗津津的意味，哪能对得起母亲一上午的辛苦。而我等守旧的人一直固执地认为，做儿子的，若不能把母亲做的饭，吃得通身汗津津，那是对母亲的不恭与不孝。

汗津津这个词，在我15岁以前，一直是专属于母亲所做茄丝粥的。15岁以后，我在镇里上了初中，而吃茄丝粥的时节我恰恰是在学校，鲜有这份口福。但每每母亲问及，在学校能不能吃好，我总会告诉母亲，能，有白米饭，一粒一粒的，还有大碗的茄丝粥。其实，哪里有茄丝粥可吃呢，单单是做茄丝粥的工夫，也足以让厨房师傅望而生畏。即便是有，再高超的大厨，也做不出母亲的味道来。

每位母亲都有一道拿手美味，我把这一票，投给“茄丝粥”，这样的一票，在每年的寒露以后，盖上邮戳，从心灵深处的邮局，寄给母亲。我坚信，无论母亲在故乡还是他乡，都能感知到。

外婆的麦仁粥

旧历年四月，乡间风暖，麦芒愈加锋利了，扎在人的皮肤上，奇痒。麦穗逐渐脱去了稚嫩的青晕，微微泛黄。这时候，在明媚的日头下，掐一把麦穗在掌心，两手上下左右揉搓，边揉边吹去脱下来的麦子壳，浮华谢尽，慢慢露出青嫩的麦子来，这就是农家最常食用的麦仁了。

麦仁是一种古老的吃食，在远古时期，人们还不知道如何储藏麦子的时候，就是揉搓麦仁在石槽里捣碎来直接食用，或者加少许面粉在里面，做成麦仁饽饽，相当有劲道。遥想多年前，在空旷的原野上，刈麦者老早就出现了，他们弓腰划镰，捋去麦穗，然后放在簸箕上揉搓，在南风里扬去麦糠，剩下的，就都是翡翠般的麦仁了。

外婆喜欢做麦仁粥。在我幼年时，外婆还很年轻，只见她把新揉好的麦仁放在竹筛里，下面垫着个水桶，把麦仁直接放在压水井下压水冲洗。压水通常是我爱干的活儿，外婆则用手在水流里淘洗。淘洗麦仁的过程，也是给麦仁饮水的过程，只见麦仁上的少量尘灰被洗去了，麦仁们丰腴地躺在竹筛里，可人得很。

淘洗好的麦仁放在锅里，加适量的水，锅灶里，柴草嘶然，水很快就沸腾了，煮上个两三滚儿，麦仁就有九成熟了。这时候，和面为糊，搅在沸水里，再咕嘟咕嘟煮上几下，麦仁粥的清香就溢满整个屋子了。这时候，还不能立即出锅，为了让麦仁粥更黏稠，更香甜，多用锅灶里的死火儿再焖上几分钟，麦仁粥就可以盛装出场了。

盛上一碗，佐以小碟咸菜丝，边吃边喝，劲道的麦仁，爽脆的咸菜丝，能吃出浓浓的烟火气息，也有独特的“外婆制造”的味道。

如今，外婆垂垂老矣，再也吃不动麦仁，但只要我们在初夏回家，她仍会用粗糙的双手为我们这帮孩子做麦仁粥。外婆辛劳了大半辈子，手掌要比城市里的老年人粗粝得多，而恰恰是这双手，成为对付麦穗的利器。尖尖的麦芒奈何不了它，揉起麦仁来，瞬息可就。如今外婆淘洗起麦仁来，动作慢多了，双手似乎也怕见凉水了，毕竟初夏的井水有些凉，外婆又有关节炎，我们不赞成外婆淘洗麦仁，她依旧要做，边做边说，你们做的，味道走样了。

麦仁粥

外婆忙活了一个上午，终于做好了麦仁粥，外婆看着我们这帮嘶嘶溜溜吃粥的孩子笑，外婆的牙齿“不中用”了，看着我们吃，她也是高兴的。麦仁化作点点新绿伏在粥里，似我们这群孩子，而外婆则如平淡无奇的面浆，承载着我们，怀揣着浓浓的爱意把我们拥在怀里。

青青麦仁，一粒粒浮在粥里，像极了外婆的瞳孔。

外婆的杂面馍馍

我小时候就与富人家的孩子不同，当富人家的孩子拿“白面馍馍”在我跟前炫耀的时候，我总喜欢把吃“杂面馍馍”的吧嗒声故意嚼得比火车过涵洞还要响。

我说这话，也许现如今的孩子不可理解，“杂面馍馍”应该稀罕呀，我应该占据优势呀？我想说的是，我出生在20世纪80年代，我在一个小乡村长大，且成长在一个条件比较贫困的家庭。那时候，谁家不靠杂面馍接济生活呀，唯有村子里几家往东北跑药材的“富裕户”，整天吃着所谓的“好面馒头”，说不尽的风凉话，说：“太阳没有从你们家门口过吗？奈何过得这样贫寒？”

要知道，我对这样的奚落向来是不在乎的。相反，我对我的“杂面馍馍”甘之如饴。

那时候，母亲初为人母，对于烹饪之术，尚不精通，况且家中实在也没有多余的食材可供下锅，巧妇难为无米之炊，我于是在周末的时候常常去外婆家打牙祭。

杂面馍馍

外婆家的锅里常常有肉，算是在农村生活好一些的。这些我不稀罕，我最稀罕的还是外婆做的杂面馍馍，还有就是杂面锅巴。

外婆常常用七分玉米面、三分小麦面掺杂在一起，在锅里贴上锅巴。外公烧地锅，我在旁边端着辣椒糊等着，外婆从面盆里拿出一团和好的杂面，蘸上水以方便离手，一张张地贴在烧得恰好温度的锅上。闻着锅巴的香，我就馋得流口水。

除了玉米锅巴，外婆还会用高粱面和红薯面和在一起，再配上丁点小麦面做锅巴。这样的锅巴做出来样子像极了巧克力，只不过，在贴锅巴的时候，多粘了一些芝麻上去，吃起来又增添了一重香。

外婆喜欢把杂面锅巴称为“杂面馍馍”，在贴锅巴的时候，外婆还会用她满是面的手刮我的小鼻梁，骂我是个“小馋鬼”。

每次去外婆家，我都不会空手而归。外婆常常在篮子里放上几个杂面馍馍，让我回家解馋。看到我吃杂面馍馍的样子，外婆总说我“前世是大地主托生的”，上一世吃惯了酒肉，这一生，是来清清肠道，做一个素人的。

这样一说，就更让我对面前的窘境多了一重安慰感。英雄不提当年勇，更不提前世勇，何况，谁知道有没有“前世”这个“东东”呢？

尽管如今的我吃杂面馍馍也成了一种奢侈，故乡的田地里已经多年不见五谷，取而代之的是铺天盖地的中药材，外婆想贴锅巴，也成了“巧妇难为无米之炊”，但是想起当年事，嘴角仍有杂面馍馍的甜香在，那是回忆的味道，也是亲情的味道。

馒头的香，玉米的甜

身为一个皖北人，哪有不爱吃馒头的呢？

上好的白面，用酵母和面，面粉与水经过一番缠绵之后，放在盆子里，下面坐上温水。不急，且待面慢慢发起来，和空气中的氧充分接触、反应，面团在盆子里喧腾起来，约莫两个钟头以后，面在适宜的“温床”里“睡醒”了。

在酵母的作用下“睡醒”了的面，就要开始在面案上活动了。先铺上一层“面步”（撒下一层面粉）在面案上，把盆里的面团取出来，展开一番“揉术”，那感觉，像是在打太极。通常，越是有力的手臂，和出来的面就越劲道，吃起来，也就越香。所以，在乡村，很多时候，和面是男人干的活。

面，是可塑性极强的食品。男人和面做出来的馒头，有刚毅之气；女人和面做出来的馒头，有软糯之美。食品在很多时候都被赋予了人的性格。

盘面的过程，较能看出一个人的性格。急性子的人草草收工，面里没有神采，疲沓一片，没有可塑性，做出来的馒头也没有型。慢性子的人盘起面来，不疾不徐，撒面优雅，拳头与面团之间也走着优雅的舞步，这种馒头做出来，是有韵律的，吃起来，也特别香甜。

至今记得，小时候，特别爱干吃馒头，热的，用手扯开馒头的丝丝络络。面在水和蒸气的作用下，有了纹路，也有了自己独特的香。凉馒头，吃起来掉馒头花，也有一种异样的香，这时候的馒头是冷美人，是食物中最有味道的一种。

作为一个皖北人，对两样食品最亲。除却小麦馒头，就是玉米了。

初秋的玉米在铺满成熟气息的田野里驻守着，一队队绿的营帐。玉米须逐渐由黄变黑，玉米棒子拱开了皮，露出金黄的牙齿。这时候，用指头在玉米上掐一下，汁水四溢。把这样的玉米掰下来，剥皮，放在锅里煮，直到水沸三巡，就可以拿出来吃了，不必添加任何作料。我一直觉得，煮玉米的过程是水与火说服玉米这个“愣头青”的过程，在水火的作用下，玉米心悦诚服，放下了内心的对抗，发出了诱人的香。

小时候在故乡，常常吃外婆为我做的玉米馒头。那时候，小麦面尚且十分珍贵，家里常常用杂粮贴补一下。其实，玉米面馒头还真香，那时候的玉米面吃得真切，不像现在的无良食品商，常常用食用色素染色，冒充玉米面。足见，杂粮越来越吃香了，鸟枪成了大炮。

玉米面

前几天，到药材街的一条小巷子里买馒头，发现馒头上，被撒上了玉米糁，分外好看，既能吃出馒头的香，又能尝尽玉米的甜，两全其美了。

其实，与其说是面食塑造了北方人的性格，倒不如说是面食本身有其独特的个性。爽利、干脆、实在，不软不糯，不疲不沓，有着一种倔强美，透着一股难能可贵的韧劲儿。

会说话的烙馍

从淮河向北走，可能是因为地域的缘故吧，这里的人喜面食，在面食中又多喜欢吃烙馍。

烙馍是“速”食主义者的最爱，“速”就“速”在其无须酵母发面，用“死面”即可。和匀，用擀面杖擀成半毫米薄厚，烙成圆形；然后，架一面铁鏊在三块青砖上，下备干柴，燃着；铁鏊热后，把擀好的生烙馍铺在铁鏊上，

10 秒左右，用一根竹签把半边熟的烙馍在铁鏊上来回转动，再 10 秒，稍后翻过来，如是再三，烙馍就熟了。

熟透的烙馍上有许多隆起的小气泡，如羊乳状，煞是可人。

我小时候最爱看外公烙馍，外公用竹签翻转烙馍的姿势非常潇洒。那时候，潇洒这个词还不普遍，很多人知晓潇洒这个词，是因叶倩文的那首成名曲《潇洒走一回》。而我不是，我是听父亲说的这个词，当时，父亲用这个词来形容正在烙馍的外公。

由于烙馍需要用干面作“面步”，从而隔离死面和擀面杖，避免两者黏结。所以，在生烙馍被撂起来放在铁鏊上的瞬间，“面步”四溅，面香随着铁鏊下的柴火滚滚散开，大勾人的胃口。

烙　馍

记得小时候外公烙馍的时候，我多在一旁咕咚咕咚地咽口水，外公每每看到我的馋样儿，就嘱咐外婆剥一根大葱，蘸上甜面酱或者豆瓣酱之类的酱品夹在烙馍之间，一口咬下去，满口都是烙馍的干香和大葱的窜劲儿，极其过瘾！

被烙成的烙馍呈金黄色，外公常说，这是生面被着上了火色，火真是个韧劲儿十足的家伙，隔着厚厚的铁鏊，也能钻过去，把一团死面“打扮”成这个诱人的样子。外公当时用了“打扮”这样一个词，令我好几次都回不过神来。外公读书的时间并不多，怎么会用出这样一个诗意的字眼儿，我至今也弄不明白，可能是天地间的一张烙馍，让外公来了灵感，吐出了如此神来之语。

黄澄澄的烙馍后来还用来包裹油炸的馓子、麻叶子等吃食，由于浸润了油香，更加夺人胃口。当然了，还有更聪明的吃法，来自少数民族。他们把烙馍烙成六分熟，然后夹上肉馅、韭菜鸡蛋之类极其出味的菜类，更加丰富了烙馍的内容，被称为是烙馍的“豪华版”吃法。

我吃上烙馍的“豪华版”距离外公所做的烙馍已经相隔20年，由于这样一种时空的穿梭，每一寸光阴里都飞扬着烙馍用的“面步”，都饱含着烙馍的香气，令人久久不能忘怀。

20世纪90年代，烙馍曾经在皖北土地上不那么风行，可能是因为物质条件的改善，人们开始摒弃这样一种“土法酿造”，直到千禧年之后，“土老帽”烧饼之类的吃食逐渐风靡，人们才逐渐意识到烙馍的好吃之处，许多过时的东西一经拾起，就再也放不下。如今，烙馍在淮河以北的地方，在古城亳州，大街小巷都有，下至地边小吃摊，上至星级酒店，都能品尝到烙馍的美味。

人人都说，酒香不怕巷子深，好酒不愁卖，其实，在亳州卖烙馍的，也极少有吆喝的，你要问为什么，我外公在20多年前就回答过我这个问题。

外公说，烙馍自己会说话啊！

春　卷

春卷这个名字真好听，有一种“把春天卷起来”的意思，慵懒、俏皮、书卷香、很小资，做成吃食，也很文艺。

没错，春卷的确很文艺，里面卷的是韭菜这种粗纤维，总让人想起亚麻料的衣服，疏朗、悠闲；还会有些许蛋花，在油温的烹炒下，高傲地绽放；也有一些粉丝，细细的，苗条匀称，像极了古代优雅的书生。

春 卷

据《岁时广记》载："在春日，食春饼，生菜，号春盘。"这段文字，标注了食春卷的时节。春日里，翠色无边，采一点韭菜的绿，凑一些蛋花的黄，加一些粉丝的褐，还有一些金针菇的白，被一层薄薄的面皮卷起来，在沸油里稍事烹炸，拿出来，香酥可口，仿佛一口气，把整个春天都吞到嘴里。

三月，杨柳依依。我曾在涡河岸边的小店里吃过一盘色香味俱全的春卷。炸春卷的是一对老年伉俪，男的须发皆白，女的也是一头银丝，两个人恬静地经营着一家小店。院子里春光融融，牡丹萌芽，月季幽幽地开着。竹椅上的我们，是一群饕客，一盘春卷端上来，咔嚓咔嚓，不几下，盘子空了，连吃了三盘仍意犹未尽。卖春卷的老大妈发话了，好了好了，就给你们吃这么多，春卷油大，多吃，对身体无益。老大妈说这话时，眼波里透着浓浓爱意，印象中，这种眼神只有母亲才有。

在古时候，春卷可不是这样随便就能吃到的，吃春卷的，多数是富人家庭。想想也很正常，穷人家忙着填饱肚子，哪里会想到变着花样吃这些，咸菜馒头足矣。

中国人凡事都喜欢讨个好彩头，对于做春卷，当然也不会例外。清代的《燕京岁时记·打春》里这样说：“打春即立春……是日富家多食春饼，妇女等多买罗卜而食之，曰咬春，谓可以却春闹也。”也就是说，在立春这一天，富家人都会做上一盘春卷供大家食用，不知道，有没有把无边的春色都“卷”到自己家来的寓意。这话不是自私，而是对各自梦想的祈祷和遥祝。

犹记得孩提时分，外婆特别会做春卷，外婆做的春卷与别人不同，她喜欢放一些豆芽、胡萝卜进去，吃起来特别爽口，也缓解了春卷的腻。每次，我都要吃上七八根，把小肚子都塞得满满的。我腆着肚皮对外婆说，看，整个春天都被我吞到了肚子里。“少年心事当拿云”，在我小小的心境里，有种气吞山河的意思，真是吃下春卷，让我不知天高地厚了。

自古吃食，能有春卷这样大气象的不多，外面是一张薄薄的面皮，妄图把草木葱茏、山河锦绣都“卷”起来，有些人心不足蛇吞象的意思。是呀，对于美食，可不就该不满足吗？要不，人们怎么把爱吃的人称为“吃货”或“饕客”？

太和羊肉板面

吃太和羊肉板面，最好是去太和。太和的风物，太和的面，太和的水，太和的柴火，太和的空气，能够让人吃出太和羊肉板面的“原乡味”。

当然了，如果你去不了太和，一定要在邻近的亳州吃。

什么原因？太和人做羊肉板面的作料均出自药都亳州，包括草果、八角、辛夷花、辣椒之类，全部在这里采购。

舒国治先生在《台北小吃札记》里这样说：“一个城市之吃趣好否，端看其面摊多少可定。”亳州的面摊很多，有砂锅杂面条、拉面、烩面等，但最好吃、最够味的还是羊肉板面。亳州的回民多，能够吃到最正宗的羊肉。这些羊是普通的草羊，而非山羊。草羊膻味小，山羊膻味重，不太适宜做食材。

有人说，吃面，汤最重要，也有人说，面最重要。

袁枚在《随园食单》里说：“大概做面，终以汤为佳，在碗中望不见面为妙。”

清代的李渔则认为：“南人食切面，其油盐酱醋等作料，皆下于面汤之中，汤有味而面无味，是人之所重者不在面而在汤，与未尝食面等也。予则不然，以调和诸物，尽归于面，面具五味而汤独清，如此方是食面，非饮汤也。”

若在皖北，李渔和袁枚就不会这样争论了，因为，羊肉板面不仅面好吃，而且做汤（浇头）非常讲究。

皖北是中国粮仓，羊肉板面的小麦粉是来自淮河流域的小麦精粉。这种小麦粉不仅劲道，而且极易洗出面筋来，所以，羊肉板面的面非常耐抻，吃起来，特别有筋骨。

羊肉板面的汤料中有上等名贵中药材草果、辛夷花等，还有胡椒、八角、辣椒；取精羊肉，在一起熬制，最终，药香和肉香混在一起制成油汪汪的浇头。

羊肉板面

面入沸水，七八分熟的时候，下入小青菜，稍等即可出锅，然后，淋上浇头，美味的羊肉板面就做好了。

吃羊肉板面，多在小店，尽管店面环境不怎么好，总给人油乎乎的气息。生活嘛，要的就是这种烟火气息，这才是生活的味道、人生至味。

念念茶食

正所谓："茶可入馔，制为食品。"茶与食，一直是分不开的，像是一对孪生兄弟，也似一对恋人。难怪古人把喝茶都说成是"吃茶"。今人的餐桌上，也有一种名叫"绿茶饼"的食物，据说是将茶粉的提取物，与淀粉白砂糖放在一起塑形，炸制成的一种甜食，在北方的餐桌上十分流行。

茶食，顾名思义，就是喝茶时吃的食品。与茶做的食物是两个概念。

喝茶还要吃东西？是的，无论古今，概莫能外，一直是这样做的。早些年，我还年少时，在皖北乡间，就见过村子里一位姓林的老人，吃着一种不知名的绿茶，手里摩挲的是一把炒花生。在我看来，他总与满身酒糟气的其他男人，有着气质上的不同。

茶食南北都有，却有着分别，南方人偏清淡。譬如，杭州人在喝龙井时，配上一碟心儿水晶虾仁，吃得不亦乐乎；苏州人在"喫茶"的时候，喜欢吃一些水果或小点心，听着评弹，在亭台楼榭里，享受一种古韵的美；到了长江北岸的安庆，吃茶多佐黄梅戏，茶食多为瓜子、杨梅之类，也有一些绿豆糕，真是茶香戏雅食醇。

汪曾祺应该属于南方人了，祖籍江苏高邮，后在昆明生活多年，他在《寻常茶话》里这样说："我的家乡有'喝早茶'的习惯，或者叫做'上茶馆'。上茶馆其实是吃点心、包子、蒸饺、烧卖、千层糕……茶自然是要喝的。在点心未端来之前，先上一碗干丝。我们那里原先没有煮干丝，只有烫干丝。干丝在一个敞口的碗里堆成塔状，临吃，堂倌把装在一个茶杯里的作料——酱油、醋、麻油浇入。喝热茶、吃干丝，一绝!”

干丝应该还是属于清淡的，此类茶食清淡，像极了南方的小桥流水以及当地人的性格，与之相比，北方人的茶食则偏浓俨，吃得格外注重感觉。

茶 食

譬如，在我的故乡亳州，几乎没有什么正经的茶馆，吃茶多在澡堂里，这时候，人们赤裸相见，能配什么茶食？有新鲜的水萝卜，用刀切成拇指大小的萝卜芽儿，边吃边喝，很是畅快；也有吃面藕的，莲藕里，灌上糯米，放上白糖和蜂蜜熬煮而成，切上一段，佐茶也甚佳。这时候吃茶，不甚讲究了，吃的是种优哉游哉的感觉，也就是所谓的“走心”。

周作人则在《北京的茶食》里这样“走心”地讲述：“我们于日用必需的东西以外，必须还有一点无用的游戏与享乐，生活才觉得有意思。我们看夕阳，看秋河，看花，听雨，闻香，喝不求解渴的酒，吃不求饱的点心，都是生活上必要的——虽然是无用的装点，而且是愈精炼愈好。可怜现在的中国生活，却极端地干燥粗鄙，别的不说，我在北京彷徨了十年，终未曾吃到好点心。”

茶的终极目的哪是解渴，至少也得是解闷、慰心。茶食与茶，当然是心思一脉，处在一个共同的磁场里，两者是相互成全的关系。茶是线性的，辅以食，就是立体的，再加上吃茶人的心灵契合，气氛融洽，局面那就更是大不同了。

念念茶食。

闲 食 贴

人在闲下来的时候，吃一些什么，能体现出这个人的年龄和阅历。

早些年在乡间，一旦入冬，村庄深处就想起了“咚咚”的“炮响”，其实不是炮，而是爆米花出锅的声音。

那时候，走村串巷的多是炸爆米花的手艺人（我一直认为，炸爆米花是一项手艺活）。他们在村子的一片开阔处摆出摊子，生起了炭火，先从自己的尼龙袋里舀出来半瓢玉米，放上几粒糖精，放在铅锅里，然后用蜡油眯上锅口，密封严实。铅锅在炭火上滚动自己偌大的肚腩。不多时，玉米在锅里不再哗啦作响，这时候，炸爆米花的人拎起铅锅，放进事先准备好的粗布袋口，用铁筒套住铅锅的开口把手，只一掰，“砰”的一声，一大团爆米花就在粗布袋里龇牙咧嘴地笑开了。

爆米花

小时候特别能吃干燥的食品，也爱吃，干脆把它当成零食吃。你想想，一把玉米，几粒糖精，又是铅锅，从健康的角度来看，压根就不能食用，而那时候却吃得津津有味。如今，炸爆米花多半已经不用铅锅了，尤其是在高档的影院里，糖精也不用了，转而使用糖和奶油。炸出来的爆米花松蓬酥脆，这样的吃食，味道与食材都差不多，却增添了几许贵族的味道。或许是吃的地点和心境不同了吧。

也想起早年间的春节，为了招待亲友，各家各户都要买上半斤茶叶。并非是什么名贵的茶种，多半是最廉价的茉莉花茶。现在想想，那时候的茉莉花茶多香呀，现在上等的太平猴魁和龙井也不换。那时候，也不知道还有这么多茶。提及茶，就认为只有茉莉花茶一种。这样素淡的花，与这样清香的茶，简直是一对神仙眷侣。年关将至，放了假的一帮玩伴没有事干，掏出一副扑克打起来。手边放的就是刚刚泡的茉莉花茶，幽幽地散发着钻人鼻孔的香。扑克轮回一遭，咕咚咕咚，不知道喝了几大杯。如今，有太多的茶种可供我们选择，但或许是我们的味蕾审美疲劳了，总觉得今茶不似旧时香。

一同归于沉寂的，还有合碗肉下面的大头菜。印象中，母亲每次做肉，总要切上半块大头菜放在下面，一可以调味，二可以解腻开胃，吃起来，味道也特别爽口。后来，母亲还把大头菜和青椒放在一起炒过，味道也不错。如今，走遍了老街的所有酱菜园子，大头菜却已难觅踪迹。问老板，回答说，那玩意儿，齁咸，现代人都注重养生了，谁还吃它弄鳖孙呀！老板爆了一句粗口，足见大头菜令人嫌了。大头菜退出江湖以后，被金针菇等取而代之，我却不觉得哪里好吃。金针菇这个名字我就不喜欢，太脂粉味，太阔气了，与当年的光景不称。或许正因为这个理儿，金针菇才淡出人们的视野了吧。

人一闲下来，就想着捣鼓吃食，饕餮之后，最想吃的，有时候是母亲的一碗面鱼汤，有时候是一份素豆角，有时候是一碟子凉拌菜。这些美食，都意韵悠悠地在记忆深处发着香，穿越时光，撩着我们的胃口。

豌豆馅儿

豌豆馅儿是皖北地区特有的吃食。与豫地不同，豫地所言的“豌豆馅儿”多是掺杂了柿饼之类的东西在里面，吃起来，少了几许畅爽感，吃不到豌豆的纯正和鲜美。

皖北尤其是亳州的豌豆馅儿，多用纯豌豆制成，豌豆要在灌浆成熟以后采摘下来，这时候的豌豆最鲜，粉也足，香气四溢。把这样的豌豆放在石磨上研磨一下，待到豌豆呈瓣儿状，瓣儿下面有少许豌豆粉，这就可以了！然后拌上砂糖、桂花蜜，上锅一蒸，待熟后再厚厚地码在蒸屉里，走街串巷地去叫卖，遇见买家，就用刀切一块下来。这样的豌豆馅儿，还盈盈地冒着香气，很是诱人。

皖北地区的老年人形容人日子过得甜蜜，并不说甜得像蜜一样，哪有那样的日子，也太甜了，甜到了虚假，甜到了腌心，甜得有些忧伤了，好不自在。这里的老年人喜欢这样说："瞧瞧人家，日子过得多甜，像豌豆馅儿一样。"

豌豆馅儿

我主观认为，旧时候的皖北，经济并不殷实，粮油短缺的时候，甚至不敢大把地吃糖，掺杂些杂粮在里面吃，譬如豌豆馅儿，这就算是奢侈品了。

当然了，也不能全然这么解读，皖北人的浪漫气息还是很浓厚的，把白砂糖和豌豆馅儿放在一起吃，还有着甜美的寓意。

做豌豆馅儿的豌豆，有青有黄，有着青黄相接的寓意，昭示着财源不断档，经济不脱节，再拌上糖，这样的日子当然是"香甜"的。

我遇见过一个诗人朋友，这样解读豌豆。他说："豌豆，豌豆，'宛'若

‘豆’蔻。”一个豆蔻的少女哪里晓得什么忧愁呢，一切都是自在的，悠闲的，是躲在福窝里的。面对这样的吃食，当然人人争先恐后，因此，豌豆馅儿很少有剩下来的。

在喧嚣的市井中心，老远就迎来了卖豌豆馅儿的阿姨，我喊她过来，买了一块。旁边还有一辆卖苹果的小摊，两个人无意之间刮擦在一起，吵了起来，只不过三两句，卖豌豆馅儿的阿姨就主动示好了，说，你看，咱们都不是故意的。她边说，边从蒸屉里切下一块豌豆馅儿给那卖苹果的，卖苹果的立马“煞风”，笑嘻嘻地从自家摊子上拿了两个硕大的苹果回赠。两个人就这么不吵了，街面上，又幽幽地飘扬起豌豆馅儿的叫卖声。

豌豆馅儿不仅仅是平民吃食，在高档酒店的餐桌上也有，可谓“入得了厅堂，下得了厨房”，游刃有余地穿梭在尘世间，回馈着人们的味蕾，也滋润着食客们的心灵。俗世如飨，我们都是在美味里悠悠享用的食客。

甜秫秸，花米团

甜秫秸是个什么东西？恐怕没有在皖北生活过的人很难知道。

甜秫秸是一种比甘蔗要稍细一些的作物，早些年，在江淮流域多有种植。赭色的身躯，足足有两米高，通身裹着青白色的皮，剥开来，赭色的秸秆上，搽着一层粉，它应该是最爱美的一种植物了。到田畈，随便去撇断一根甜秫秸，手上都会留下一些白色的粉末。

我一直认为，甜秫秸最适合被画成国画，亭亭净植，很少有旁逸斜出，苗条地立在田间，从不臃肿，像极了乡间的女子，个顶个的身材匀称，没有一丝多余的赘肉，在乡间的风里，叶梢随风浮动，好美的一头秀发。

甜秫秸是一种极为简单的吃食，干农活累了，随便撇断一根，用手先扯掉它的表皮，再用牙齿劈开它的硬皮，就露出它鲜嫩多汁的肉了，“咔嚓”一口咬下去，一个字：甜。溢满全身每一个毛孔的甜，让人心里没有一丝杂念的甜，透彻肺腑。

甜秫秸这个名字很家常，不像甘蔗那样古朴。甜秫秸，望文生义，就是很甜很甜的那种秫秸；甘蔗呢，就文言多了，仿佛是从《诗经》里走出来的。

秫秸，就是高粱的秸秆，细，弱不禁风，赤红着脸膛，在秋风里弯了腰。甜秫秸稍稍粗了一些，可能是因为它胸中鼓噪着难能可贵的糖分吧。这就好比自古有才华的人，多半处在微胖界，腹有诗书嘛，这是有学问的象征。

甜，总能带给人一些愉悦的回忆。回忆起我在皖北乡下度过的童年，除了甜秫秸，就要数花米团了。

花米团

花米团是用米花加糖稀制成，团成球状。我最早见到的花米团是用小米、豌豆、红豆等炸成的米花、豆花做成的，花花绿绿的，被一根线绳穿起来，挂在自行车后座的货架上，乍一看，很撩人胃口。

少年时，隔壁村子就有一个卖花米团的手艺人，我特别爱吃他做的花米团。他喜欢到小学旁边去卖，我每次都要买上两个，吃得到口不到心，总不过瘾。那年秋天，做医生的父亲治好了卖花米团手艺人的哮喘病，他特意给我送了整整一尼龙袋花米团，花花绿绿的，躺在袋子里，我足足吃到了冬至，才把这些小精灵给“干”掉。当时，适逢换牙，我的多少颗乳牙不知是自然脱落，还是被花米团给粘掉了，像一颗肥硕的大米，被我扔在房檐上或者床下（在故乡，有这种风俗，小孩子掉了上面的牙齿要扔到房檐上，掉了下面的牙要扔到床底下）。

同样是甜，一个多汁肥美，一个脆香诱人。这些，都来自故乡土地的恩赐。我也是故乡土地上滚爬长大的少年，也应该算作这方水土的恩赐了。难怪我至今还对甜秫秸、花米团念念不忘，原来，在根上，我们是通灵的。

犹记萝卜丸子的香

在合肥上学那会儿，在安徽教育学院门口，遇见一个流动的摊点，一位白发苍苍的老太，正在炸制香喷喷的美食，走近一看，方知是萝卜丸子。红白相间的萝卜丝，酥嫩可人的丸子，引得不少人驻足。我也买了两个，边吃边走，遂想起当年外婆为我做萝卜丸子的情形。

应该是20多年前，那时候外婆还年轻，切起萝卜丝来，十分麻利。萝卜丝切得很细，胡萝卜和白萝卜分开罗列，然后和面，放上麻油和作料，把萝卜丝和面以顺时针方向搅拌在一起，稍微“醒一醒”面，就可以烧油了。油

萝卜丸子

最好是菜籽油，这样炸制出来的萝卜丸子，黄腾腾的，松软糯劲，非常之香。丝毫不亚于肉丸子的味道。

小时候，我最爱吃萝卜丸子，每次到了外婆家，只要是萝卜收获的季节，她都要亲手做给我吃。每一次，我都是吃得小肚鼓鼓，没法弯腰。至今，我微微有些肚腩，外婆每次见我，都说是当年的萝卜丸子给撑大的。

萝卜丸子是山东人最常见的吃食。我在安徽教育学院门口遇见的这位老人，祖籍就是山东。当年，抗日战争时期，年仅十几岁的她遇到了一个受伤的小战士，她就整整做了半个月的萝卜丸子，才把小战士的身体调养过来。后来，她嫁给了这名小战士，并跟着从军的丈夫来到了合肥。如今，经过近一个世纪的岁月，她也90多岁，儿孙满堂，每过一段时间，仍不忘做萝卜丸子给孩子们吃。那是她和丈夫的定情之物，其间，寄寓着太多的美好回忆。她做的萝卜丸子孩子们都很爱吃，看她身体还健朗，就鼓励她到外面做萝卜丸子给更多的人吃，分享美味。

如今，年至耄耋的老太，眼不花耳不聋，一口牙洁白如初。她笑着说，全靠吃了萝卜丸子才身体这么好。萝卜养生，丸子里的萝卜丝爽脆护齿，菜籽油可以预防三高，因此，萝卜丸子是绝佳的美食。

我夸赞老太，说她的萝卜丸子卖出了“门道”。她说，她才不在乎这几个萝卜丸子钱，她的目的是把自己一生的境遇讲给大家听，她自己也在一遍遍对往事的温习里，一次又一次获得岁月带给她的温暖。

阜阳格拉条

去阜阳，在火车站附近的一条小街里，遇见了诸多小店，门脸不大，里面看起来环境也不甚清爽，但我还是走进去，坐了下来。店面招牌上的一种美食吸引了我，没错，它就是格拉条。

格拉条的名字早就如雷贯耳。早些年，亳州还属于阜阳管辖的时候，许多人买东西，喜欢到阜阳去，除了买回来一些入时的东西之外，都会在言谈之间炫耀：我吃了阜阳的格拉条。

格拉条到底是什么？长什么样子？

我曾有机会见过一次。那时候，我还在亳州三中上学，后面有条建材街。一个阜阳人在此开了一家小店，我无数次路过，见门口有一个压制格拉条的机器。白亮的格拉条被机器压出来，很粗，很圆溜，像极了现在许多人吃的土豆粉，看样子，要比土豆粉更硬更有韧劲儿。但，我也仅限于揣测。

这次终于有机会到阜阳，一定要叫上一份。

时间尚早，格拉条还没有做出来，我特意看了餐馆老板如何盘面。他赤着膊，不停地揉着手里的一团面，面的香被这个中年汉子的力道催发出来，有种生猛的香。面和好，格拉条放在机器里被挤压出来，直接落入沸腾的水锅里，一通煮；然后用大筷子抄出来，放在冷水里，十几秒钟后，捞出来，用辣椒油、麻汁酱、香菜、荆芥、豆芽来调拌，那味道，真叫一个爽劲！

阜阳格拉条

这一天，恰是个初春日，乍暖还寒，我吃得满头大汗，抹一把嘴角，唇齿之间尚有格拉条的余味。

此后多年，我与格拉条阔别。原因是很少到阜阳去。大学毕业以后，我回亳州工作，在文帝街再次邂逅了格拉条。这也是个阜阳人开的店，里面还有一些小卤菜，味道不错。我中午下班后，去吃过几次，美味至极，很经得起饥饿考验。

我喜欢去小餐馆吃饭，大酒店千店一面，哪里有特色。我认为，一个地方的风物、美味，都藏着小街巷的小店里。那里“咕嘟嘟”煮着一锅海带千张、卤鸡蛋、小酥肉，让每一个从此经过的路人闻香下马，踱步进店，点上一碗格拉条，两份小菜，喝上二两小酒，听听当地人的谈天。市声喧嚣，你是安逸的，也是安谧的；你是异乡人，也是此地风物的搜集者。

涡阳干扣面

提及涡阳，最具名片式的元素，除了道教鼻祖老子，就要数干扣面了。

滚滚的涡河水在这里蜿蜒流过，在皖北的腹地上，这里的水土柔媚，做出来的面自然也颇具质感。干扣面就诞生在这片土地上，裹挟了皖北的风花雪月，浸润了皖北人的性格，让人想到了力道的美学。

干扣面是一种极硬的面。盘面的过程较长，要揉搓进万千力道进去，这样的面硬实且有韧劲儿，压制出来的面条几近半干，在手腕上缠绕三圈不折。

干扣面的配菜十分讲究。要用皖北大地上生长的黄豆做成的黄豆芽，焯水后，盛放在碗里。豆芽汤是上好的汤，可以供食客们吃面后饮用，有“原汤化原食”的功效。

吃干扣面，离不开大蒜。干扣面极具口感，大蒜有开胃的功效，吃起来，让一碗面也不觉得寂寞。据坊间人相传，皖北大地上盛产的大蒜，还有滋阴壮阳、抗癌的功效，所以，皖北人常常给人的印象是，每餐必食大蒜。

还有一种主要配菜，就是地羊，也就是狗肉。在下故意这样说，主要是怕动物保护协会说我残忍。但皖北确有吃狗肉的习俗，自三国曹操始，就有食狗的习俗，曹操曾亲自为三军将士烹饪狗肉。能吃到曹操所烹狗肉的，可不是一般的将士。狗肉用手撕过，调匀，铺在干扣面的上面，也有滋补的功效。

干扣面

我一直认为，吃食是能够反映当地文化的。这样一碗干扣面，干，滤去了其中的水分，代表了皖北人刚毅的性格；扣，代表了皖北人干事雷厉风行、爽利干脆的作风；面，看似柔，实则刚，寓意皖北人守柔若刚的智慧。食面的皖北人，做事的风格像这面，有头有尾，长长久久；做人的原则也像这面，清清白白，匀称如一。

一碗面，知乡愁。行走在外的涡阳人，每提故乡，首先映入脑海的就是干扣面。吃食在人的情感底片上留下了深深的印记，一触及，就立时被人念叨。念念不忘一碗面，不光是因为这碗面的美味，更多层面上，是美食身上所负载的文化风俗，这是人心灵深处永远无法“格式化”的程序和密码。

俗世如烹，我们每个人都是情感的厨子。有些美食，我们亲自烹饪。红尘这道餐桌上的珍馐，有时候，才动刀勺，就已经在我们心灵的几案上散发着诱人的香味，在很大程度上，我们情感的灶台是永远不熄火的。

吃面，不说了，啧啧，面都凉了……

糊 涂 面

秋风萧瑟时，人心寂寥。前几日，遇朋友张罗饭局，最后一道主食，热气腾腾地上来一碗糊涂面，吃得那叫一个通透。此时，酒已酣畅，菜已经果腹，在醉意绵绵里，这样一道糊涂面，可以稍稍缓解部分醉酒者的酒意。当然了，总也有一部分借题发挥的人，他们不愿清醒，借着这碗糊涂面，醉话连篇，拽着等待晚归的人，弄得人无计可施，脑袋如灶，也扑腾着一碗糊涂面。

糊涂面是一道农家饭。发明它的人，是中国最朴实的农民。他们节约、勤劳，也智慧，每到青黄不接的年月，没什么好吃的，在一个漫长的午间，索性就找来玉米糁、甘薯条，先放在锅里一通乱炖，炖的时候，用瓢从面缸里舀出来些许小麦面、些许豆杂面，放在一起，小擀面杖一挥，三倒腾两不倒腾，一张面皮就擀就了。面皮裹在擀面杖上，用菜刀一刀下去分作两半，再根据自己的爱好，切成宽窄不等的面条。这时候，锅里的玉米糁和甘薯条已经噗噗地冒着香气，也已七成熟。放面入锅，再放一些干菜叶进去，再一通煮，不多时，用饭勺搅几下，一锅糊涂面就做好了。为了让糊涂面的香发挥到极致，还可以点上几滴麻油，整个屋子都飘满了“丰收”的气息。

糊涂面

糊涂面是最早的“一锅炖”。玉米糁、甘薯条、干菜叶、杂面，单单是拆开这些食材来看，哪一个都不会太出色，单吃其中一种，势必味同嚼蜡，然而，把它们组合起来，成为一个食材的“集团军”，味道就大不同了。这是美食的抱团哲学，分崩离析，势必寡淡，成为组合拳，定能提振你疲软的味蕾。

糊涂面诞生在中国北方，这一带，是面粉的主产区。辽阔的平原、丰腴的粮食、充足的阳光、勤劳的人们，为制作糊涂面提供了天时地利人和。这一区域里的人，也格外依赖这一片土地上的作物。他们只对自己故乡的粮食作物吃得惯，吃得顺嘴，吃得养胃，吃得暖心。郑板桥说："难得糊涂。"此时的糊涂，哪里是头脑发昏，而是低调、隐忍、踏实，像极了大平原上低沉着的谷穗。

吃糊涂面的人可不糊涂。没有山珍海味，他们懂得利用现有的食材，把看似单调粗寡的食物做得活色生香，把每一种食材的价值发挥到最大化。这又像极了穿行在农耕文明里的人们，他们通过男耕女织，把贫瘠的土地、简陋的生存条件，用自己的爱心打磨得蹭光发亮。于是，远远望去，大平原腹地上的村庄，炊烟袅袅、阡陌交通、鸡犬相闻，黄发垂髫，怡然自乐。

美食的主体看似是食材，其实，是人。没有烹调食物的人，食材定将寥落一生。说白了，还是人赋予了食材灵气，进而，食材才给了人以底气。所以，食物的哲学，有时候也是人生的哲学。

在烫面角里过早

烫面角是皖北地区特有的吃食。

之所以取这个名字，很简单，用热水和面，这样的面皮很有韧度，像二三十岁女人的皮肤。至于馅儿，分肉素两种，肉的可以是猪肉，也可以是羊肉；素的，多以粉丝、炒豆腐干为主。

包制烫面角的过程很简单，有竹匙抹馅儿，馅儿在面皮心，双手一拢，面皮的边缘合二为一，轻松一挤，即可。把包好的烫面角码在竹笼屉里，一屉也就是10个左右，可以肉素各五个，便于食客们索要。

皖北地区，尤其是在亳州，早起的人们，多是做药材生意的，吃起饭来也风风火火。烫面角无疑是最佳吃食，无须冷饭，端上来即食。一口一个，很壮嘴，面里裹着肉与粉丝的香，再佐以些许萝卜丝小咸菜，很开胃，一笼烫面角，瞬息可就。

吃烫面角吃什么可是有讲究的。一般情况下，素烫面角多要配以辣糊汤，用胡椒粉、豆腐皮、海带丝、花生熬煮而成，浓稠的一碗，可补素食的味道缺憾；肉烫面角多要配以马糊，用豆面淀粉等熬煮而成，上面撒上些许大头菜丁和咸豆子，可解肉食之腻。

来皖北的早间，不吃上一笼屉烫面角，就等于是不接地气。

烫面角的面来自皖北大平原上的金黄色小麦，猪羊肉也是农家圈养，食的是这里的五谷与野草，就连作料，也是地产。若要往前退若干年，就连烧制烫面角的柴火也是路边高树上钩下来的木柴，嘶嘶地在灶下吐着火舌，像极了调皮的孩子，馋巴巴地舔舐自己的嘴唇。

烫面角

也许你说，这些食材外地也有，但我可把大话撂在这里，离开此间风物，你是做不出来皖北味道的。单从作料上来看，就是烫面角里调馅儿的中药材，你都配不全，亳州是药都，守着一个最大的中药材集散地，办几样材料，还不是手到擒来的事情？

八角、小茴、胡椒、辛夷花、香叶、孜然、桂皮，随便一处摊点就能买到上好的品相与味道。味道，是烫面角的府邸。它的厚度、气息，在唇齿之间散发的感觉，让你一经食过，久久难忘。所以，作为早点，寒来暑往，烫面角都是主角，一直都没有“过气”的意思。

“过早”是武汉人吃早饭的称呼，今天把这个概念偷换到皖北来，目的是配合烫面角的美味，本意是，在皖北，你不吃烫面角，哪里能让这个早间过得舒坦呀？

锅盔里的快意人生

那时候，故乡亳州涡河上的浮桥还没有拆，骑车从白布大街往北走，浮桥刚上北沿儿，就闻到了锅盔的香。

锅盔这样一种食品，乍一听起来，就有金属质感，像极了皖北平原上的汉子，硬朗、豪放、刚强。有位要好的女友说，北方汉子身上的气息是性感的，因为裹挟了平畴黄沙的粗粝感，北方浓烈的阳光塑造了北方汉子身上的独特体香。正如这亳州的锅盔，铜黄的皮肤，酥软的面瓤儿，用毛刷把酱抹在锅盔瓤里，嘎吱一口咬下去，满嘴的香丝丝缕缕舒展了你的每

锅　盔

一根神经。

家乡亳州的锅盔与别处不同。外地的锅盔多用死面做成，面团未经发酵，吃起来香倒是很香，三两口就饱了，让人觉得食欲还未过瘾，胃就受不了了，这样的吃食给人一种矛盾感，让吃饭这样一种很愉悦的事情变得很纠结，有失快活。亳州锅盔大反其道，用米酒做成发面，面中加作料，和面更有讲究，多是男人来和。这样，吃起来松软而有劲道，其质感外表如乡村坚实的土路，内里像极了喝足了雨水的北方原野。一阴一阳，在锅盔里藏着远大的乾坤。

上初中那会儿，我就格外爱吃浮桥上沿儿的锅盔。那时候，只需付上一块钱，就能看到卖锅盔的店主，用方刀咔嚓一下，切成三角状，抹上酱，递到你手里。而也正在他递到我手里的时候，我口中早已是馋泉四溢，大口的垂涎成了锅盔的“先头部队”。

有亲戚家的丫头从远方来，想来无吃食，我曾带她去浮桥上去吃锅盔，她一连吃了 4 块钱的仍意犹未尽。我给吓傻了，有这么好吃吗？一个女孩子，还是别给撑破了肚子，未敢继续再吃。我打趣她说，等你长大了，嫁给卖锅盔的算了，这样天天都有锅盔吃。后来，每每见她，我总拿 4 块钱的锅盔说事，说得她两颊绯红，如当年锅盔里的辣椒酱。

好的吃食如同好的时光，转瞬即逝。

早几年，浮桥拆迁，架上了水泥桥，浮桥北沿儿的锅盔铺也不见了踪影，再也未能吃上这家的锅盔。后来，再想吃，只得四处去寻，铺面不在了，吃锅盔就要看口福、碰运气了。

然而，那段胃口和锅盔较劲的时光却常驻在我的脑海里，一直没有搬迁。

有段时间，在外地求学的日子，我常常想起锅盔的香，每每想起来就口中生津，吧嗒吧嗒，两眼紧闭，有同学问我，在干什么？我一愣，吃锅盔。同学笑我，千百年前，你老乡曹操懂得望梅止渴，你这招儿更高，连“梅”的影子都没有，你也能“止渴”，真服了你。

同学这么一说，突然让我想起来，原来，我们皖北汉子都会“自己忽悠自己”这套呀。转念一想，自己忽悠自己，不也是一种智慧吗？心中有念想，总比大脑一片空白好呀！

锅盔外焦里嫩，是吃食界最具童心的一种食物。以“童心”入胃，何愁没有快意的人生?

忘了告诉大家一件事，我曾问做锅盔的师傅，为什么做锅盔要用平锅?

师傅说，这就像一个人，心怀坦荡，才能生出好主意。

我还问，换成一块铁板不是更坦荡?

师傅笑说，没边儿没沿儿，锅盔也会乱了方寸，迷失方向呀!

我恍然大悟：心有锅（郭），梦才不盔（亏）呀!

馓子：油锅里盛开的花朵

奶奶说，馓子是油锅里的花朵。

奶奶一辈子围着锅台转，没有上过半天学，却能说出这样的话，我相信，是锅台给她的灵感。

我曾见过奶奶做馓子的情景。麻油和面，里面放上些许黑芝麻。奶奶说，黑芝麻是馓子的眼睛，没有它，馓子做得再好看，也便没了神。面和好后，用擀面杖把面擀至长长的一段，中间用刀划开，成面条粗细，两端紧密地连接在一起，约莫五厘米左右，为一个馓子，拎起来，两端捏在一起，或是成对角线状捏合，馓子就做好了。

这时候，把馓子放在七成热的油锅里，翻两个身，停顿两分钟，待馓子呈金黄色，即可出锅。捞出来的馓子放在竹筐里，控油冷凉，焦酥可口。在旧时的农村，每到过年才有机会吃到馓子，这可是待客的最高礼节。

旧时的农村，婆媳关系还十分紧张，在皖北，常常听老年人这样说：“麻叶小馓子，婆婆给我好脸子。”意思是，年轻媳妇若是会做麻叶和小馓子，婆婆会对媳妇笑靥如花。一种美食，改善了婆媳关系，这是美食的贡献。

馓子也分大小，以上所说的是小馓子。大馓子和小馓子形状不同，在馓子的线条上，两者粗细相差无几，大馓子无须提面来捏，而是一长条缠成环状，放在油锅里炸制，炸出来还是环状。这一点，对和面与炸制的手艺要求都很高。旧时是纯手工制作，如今，已然有机器帮忙，线条上匀称了许多，味道上也气息均匀了，只是少了一些朴素的美感，越发有了工业化的味道了。

炒馓子

皖北的馓子，数蒙城的最为著名。我曾有缘吃过一次蒙城馓子，黄如金镯子，酥比麻花子，香如焦丸子。吃馓子，是一件雅事，远远要比啃排骨雅得多。馓子拿起来，一根根嚼在嘴里，面粉在油脂的催化下，纹理细腻绵滑，些许的黑芝麻，冷不丁地给你制造着惊喜。馓子，在味蕾上给你罩上了一顶美食的“伞”，让你私享着美食带给你的愉悦。

犹记得当年奶奶在厨房里做馓子的光阴。土屋，黄昏，淡淡的灯火，奶奶用毛巾系着头，一头银发也似那馓丝。一枚枚馓子像是一只只刚刚从蛋壳里拨出来的嘤嘤鸭仔，油锅就是它们的池塘，馓子自在鸣唱。馓子唱得欢，光阴更清净，不多时，咕嚓咕嚓的咀嚼声，震彻了整个乡村的夜空。

汤即主食的皖北

南方人喝汤，要么是餐前的开口汤，用来开胃，给肚子打底，要么是餐后汤，用来滋润助消化。皖北人喝汤，尤其是在小吃店，都是把汤当主食来吃的。

元末，皖北，一个凤阳男人又饥又寒，奄奄一息之际，被一位乡间婆婆用一碗菠菜豆腐汤救活。醒来后的男人问婆婆："刚才喂我吃的是什么，怎么这般美味?"老婆婆说："珍珠翡翠白玉汤。"男人大喜，信誓旦旦要重重报答这位婆婆。这个皖北男人就是后来的明朝开国皇帝朱元璋。

也许是因为机缘，也许是因为生活习惯，皖北人就此形成了一个习惯，把汤当成主食。

淮南有牛肉汤，粉丝加小葱，用饼子配汤来吃，一年四季都可以吃，春吃意融融，夏吃通透，秋吃解乏，冬吃御寒。可以说，淮南人一直是被两种食物哺育成长的，一是豆腐，二是牛肉汤。

淮南老母鸡汤

近来，在皖北街头，新兴了一种小吃，叫“淮南老母鸡汤”，看店名，即让人大囧，感觉整个淮南都泡在汤汤水水里了。卖老母鸡汤的店主在店门前支起一口大锅，锅里，鸡汤滚沸，锅上，横着一块木板，木板上，躺卧着几只已然煮得焦黄的鸡，样子十分诱人，用来招揽顾客。老母鸡汤是上好的滋补食品，吃老母鸡汤，再佐以皖北特有的葱油饼，满口的葱香加鸡汤香，很“得味”。

亳州西关的羊肉汤自不必说，有羊肉在里面，加之粉丝与白菜，美味实惠，即便不配任何面食来吃，也能吃饱。严寒的冬日，在亳州街头，踱步进入一家羊肉汤馆，叫上一碗，让羊肉的暖、汤的润，丝丝缕缕犒劳自己的身体。忙活了三季，到了冬天，人也该歇歇了。

皖北人的汤，通常需求十分单一，人们进到餐馆，就点一碗汤。譬如，我上学的时候特别爱吃的是番茄鸡蛋汤，散学后，进入餐馆，老板问，吃什么，只答上一句：鸡蛋汤。老板就心领神会。一会儿，番茄驮着一层蛋花，黄灿灿地绽放在碗口里，很诱人。那时候，我通常是配上五角钱的馒头（两个）来吃的，能把肚子吃得饱腾腾的，安心进入下半天的课业。

曹雪芹说，女人是水做的骨肉，男人是泥做的。不管是水，还是泥，终归都离不开水。水之于吃食，汤即是最好的表现。皖北，大平原一望无垠，气候相对干燥一些，完全不像皖南的小桥流水那样滋润，于是，一碗碗汤，就成了滋润皖北人脾胃的主宰。

难怪有学者说，一碗汤，知皖北。

潵 汤

相比较河南的胡辣汤，我觉得安徽的潵汤更可谓汤中君子。不辣，却很发汗，不稀汤寡水，汤头很好，香味如排阵，多在早餐时吃，鸡丝如银条、麦仁似金豆、蛋花比彤云、胡椒堪比满天星。一碗澈汤，天地混沌都在其中。

澈 汤

皖北人不比南方人，喜食面，汤极少喝，澈汤堪称金贵。尤其是当你早晨漫步在皖北街市，一笼笼包子刚出屉，你进店坐下来，叫上一笼包子，老板会不声不响地为你端来一碗澈汤。包子下肚，汤头一灌，微汗淋淋，你带着饱满的精神和饱满的胃口开始一天的工作。

旧时的皖北人家家养鸡，却舍不得自己杀食，每杀一只，索性煲汤，汤浓似粥；再把鸡肉捞出来，一根根撕成豆芽粗细，放在一边；然后，打一只鸡蛋在碗里，搅匀之后，用沸腾的鸡汤冲下去；汤中事先已煮了麦仁，再撒上些胡椒粉和鸡丝，浇上三两滴麻油，吃起来极香。

我上高中那会儿，囊中羞涩，仍抵不住澈汤的诱惑，每周去吃那么一次，一次却能把我一个星期的馋给压下去。

前一阵子，故乡亳州搞调查，你认为最能代表吃食的是什么?

我毫不犹豫地回答：澈汤。

理由是：皖北土鸡天地养，黄土地麦仁爆满仓，碾一把胡椒最清爽，一碗澈汤知沧桑。

美哉，澈汤。

一碗马糊天地宽

有一段时间，我格外爱喝马糊。

马糊似乎是只有皖北地区才有的吃食。老年人说，用颗粒饱满的黄豆，以水浸泡四个小时，然后用黑驴拉青石磨一遍又一遍地磨出来，汩汩豆奶一样的液体流了出来，一股清香扑鼻而来，然后把这些浆状的东西用大锅熬制，锅沸，瞬间可成。舀出来，放在碗里，撒上些许小咸菜、胡萝卜丝之类的佐餐食品，大口呼噜噜地喝下去，味道极香，常常还有白糊挂在唇上，吃相煞是好看。

马 糊

我曾一度疑问，拉磨的为什么要用黑驴，磨为什么非是青石所做？后来细想，这也可能是民俗里的美感，如同水墨画一般，听起来就美，另外也可能是为了和磨出来的雪白马糊浆形成映衬，意象极美。

卖马糊的多是流动摊贩，多在街边，旁边是车水马龙，食客们兀自端起一碗马糊呼噜噜地喝着。大把大把的喧嚣被这样的呼噜声掩盖，心里什么也不想了，只装着一碗马糊，除了它，这个世界就“也无风雨也无晴”了。享用这样一份美食，人心专注一念，笃定清幽，这是一碗马糊的功德。

遇见一位喝马糊的长须老者，每每喝过马糊，都要用手绢擦拭胡须上的饭痕，老者头发雪白，嘴边的胡须却黑黝黝的，很是奇怪。他常说，这都是马糊浸润的缘故。他还说，自己在端起一碗马糊的时候，望着这满目纯净的白，心底陡然升腾起一种飘然若仙的意念，觉得天空也在这样的一碗马糊里越发晴朗，天地也悠然变宽了。

难怪我所见的卖马糊的人多是嗓音洪亮，除了自身天生的好资质，还少不了马糊的功劳，所贩者纯，心界自高，居高声自远呀！

秋天走向深处，街边端起一碗粗瓷小碗马糊，呼噜噜地喝下去。街边黄叶飘零，心底的芳华却愈加森茂起来，干瘪的俗世呀，也在这样呼噜噜的声音里变得况味丰满起来。

我编过一首《马糊谣》：手持粗瓷在街边，一碗马糊天地宽；兴致未尽添一碗，不知不觉日下山。

美咧，马糊——

油烹食品、草药香及男女

我所在的皖北小城亳州，清晨的街道上多飘着两种香味：油香和草药香。

油香是因为亳州人喜食油炸食品。平锅里的油炸馍、油条，或翻着猫肚皮，或匀称得像草塘里的泥鳅，油锅下是红腾腾的炭火，风箱拉动（在很早以前是这样，现在改用吹风机了），丝丝的火舌舔着锅沿儿，一反一正，平锅里的油炸馍或油条就可以被竹筷夹起来，放在笊篱上淋油了。

亳州人喜把刚出锅的热油炸馍、油条放在千张里，再抹上自制的豇豆，卷起来即吃。吃的时候，还要配上大碗的油茶，那才叫一个“过瘾”！北方人吃东西不精致，单从这油茶里的手工面筋上就能看出来。这些面筋长短粗细不一，韧度却极好，夹起来放在嘴里，如鲜鱼入筐，摇头摆尾。因此，单看早餐摊边上食客们油乎乎的嘴角，就是一幅好景象。

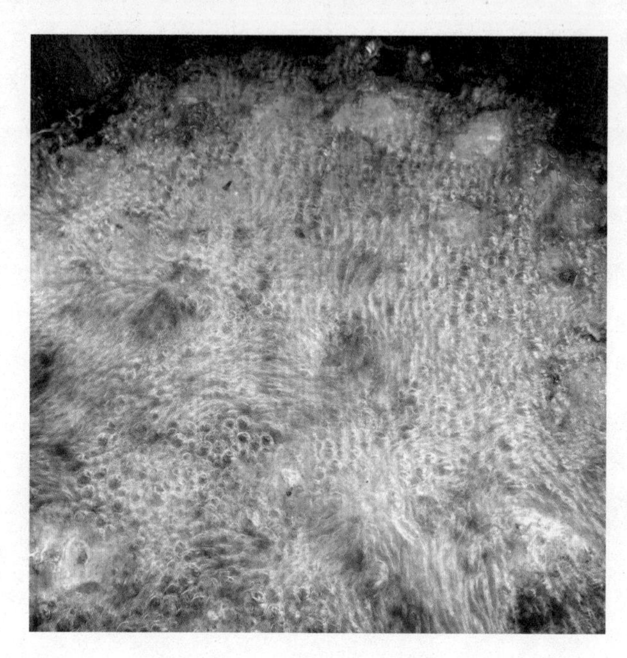

油炸馍

除了油炸馍和油条，亳州人还爱吃糖糕和菜角儿。所谓的糖糕和我们想象中的糕点有些差距，即烫了面，中间放上些许白糖，捏成柿饼状，放在锅里烹炸；菜角，亦是把事先擀好的面皮放上韭菜粉丝之类，如上述做法烹炸，掌握火候即可。

还有牛肉馍，几乎也是浸润在油锅里的，炸至黄澄澄如成熟的向日葵颜色，用道具把牛肉馍从油锅里“请”出来，放在案板上，咔嚓一切，香气旋即四溢散开……

当然了，若是到了冬天，大块的红薯从地里被掘出来，街边就有炸红薯团的了，零星地，还有几个炸麻圆（亦作“麻团”）、炸春卷的，综合比较起来，还是红薯团最能撩人胃口。

我说这些，无非还是要回到开头的命题：亳州人爱吃油炸食品。也许正是这个缘故，生活在这里的男人多豪放刚强，性如烈火，顽强且好斗，如此造就了皖北大平原上豪气干云的风景。

大凡性如烈火的人多勤劳有加，因此，亳州的街头，天刚蒙蒙亮，就有三轮车、小货车的声响，它们大致朝着一个方向前进——药材大市场。三轮车和小货车上多载着一麻包一麻包的药材，沿街驰过，草药香满城，这也给人留下了这样的印象：大凡外地人到亳州，第一种感觉就是扑鼻的草药香味。

这种草药香味不光能医人身体上的顽疾，更能潜移默化人的心智。

说一个故事。

一个男人抢了珠宝店以后逃到亳州。两年后，男人在这里遇见了心仪的女子，迅速结了婚，结婚当天，男人正准备入洞房，被突然闯进来的几名警察拖走了。男人自知东窗事发，对不起他爱的女人，入狱前劝其再嫁，女人说啥不依，非要等男人。

就这样了，芍花开了又败，整整 7 次，男人出狱了，门口等着他的正是女人。

有人问女人，为什么你会这样痴痴地等他 7 年，把大把的青春都浪费大半。女人说，男人曾对她讲过，他喜欢这里的草药香，先前他总爱做噩梦，闻了草药香以后，就睡得安稳了。女人说，一个喜爱草药香的男人，迷途了，草药香也能把他拽回来……

迷途里转身的男人，后来哭着对大家说，她是让我起死回生的中草药！一句话，瞬间让我想起来《金瓶梅》里李瓶儿的一句话：“你就是医奴的药一般！”

没想到一个虚拟，一个现实；一个是弱女子，一个是男儿身，说出的话是如此惊人的相似。其实，要我说，我还是喜欢现实中的这个版本，干净到赤裸，单单因了一个“爱”字，如果非要凑成两个字，那就是“包容”了。

是呀！这满城的药香，太容易让人联想到亳州女人的襟怀。

在亳州这座皖北小城，不管是油炸食品还是草药香，凡是入口的东西，都化作了此地生民的秉性，或硬朗得铿锵作响，或柔媚得如沐春风，总之，每一样都能让你感喟……

油炸香菇

油炸香菇是一道回民菜。在回民聚居区，基本上都能吃到这道菜。早些年，在亳州西关的一家小店请人吃饭，点了这道油炸香菇，吃起来爽口，味道上很有厚度，一盘子，被我们两人吃个精光。

后来，我开始钻研这道菜的做法，肥硕的香菇被洗净了，只留下香菇头，放在白瓷盘里，黑褐色，感觉特别像国画的意境，交给初学者来临摹也不错。香菇的鲜，颗颗晶莹的水珠，瓷盘的白，白上带着碎花，这样的香菇，不炸，也很有看头。

当然不能裸炸。香菇要事先泡在作料里几分钟，浸泡的工夫，可以用鸡蛋和面，成糊状，把一颗颗香菇全部裹上一层糊，然后放在油锅里炸。这样炸出来的香菇呈金黄色，要趁热吃，更能感知油脂与香菇的缠绵。

油炸香菇

香菇是真菌皇后，她所富含的营养价值极高。民间素有“山珍”之称，有这样一种说法，香菇是集天地灵气所生，是可以通灵的食物，不可多得。如果在餐桌上遇到，切莫错过。香菇是很儒雅的一种食物，他像是古代体态微胖却气质斯文的文人，不温不火，却满腹经纶，总之是肚子里很有“料”。而许多文人也认为，吃香菇，是可以增长智慧的。

玫瑰送佳人。前几日，会一外地文友，特意点了油炸香菇。文友吃来，大呼过瘾，还美其名曰“美食小炸弹”，这个名字可真够形象的。尤其是在严寒的冬日里，被炸得金赤色的香菇，放在瓷盘里，像一小簇火苗，吃下去，胸中生起融融暖意，似有一些微火在胸中丝丝缕缕地生起来，让无边的寒意都退避三舍。

老是在餐馆吃，有一次回乡，我特意去了香菇养殖园，挎了个竹篮，亲手采摘了香菇，回家洗净做这道菜。这道菜很易下手，过程也不复杂，吃起来的味道，感觉比餐馆里的还多了几许家常。看来，油炸香菇和世间的有些事物一样，得到的过程并不像我们想象的那样难。

吃货们，DIY 你的美食之旅吧。别再让条件钳制了你的味蕾。

油炸冰溜子

油炸冰溜子是一道东北菜，在皖北亦有。在早些年的乡间，平房尚少，瓦屋居多，每临三九天，一场大雪之后，太阳一出来，稍稍融化，房檐的屋瓦下，都会结出一根根冰溜子，尖尖的，像一根根长长的胡萝卜。

冰溜子是房檐上的积雪融化后，滴水再冻形成的。乡间的房檐，一年难得几场雪，冰溜子就更是稀罕物。又因为冰溜子的样子十分好看，在朝阳与夕阳的照耀下，闪着晶莹的光泽，那是生命短暂的水晶。

物以稀为贵，冬天的乡下人最闲，一闲下来，就要琢磨吃食。于是，有人想到把房檐上的冰溜子够下来，拌面，加上鸡蛋，然后把冰溜子放进面糊里，等它穿上了一层薄薄的“面衣”，放到沸油里去炸，瞬间捞出来。这时候的冰溜子尚没有融化，外面那层面糊又焦香可口，吃起来，异常可口，也非常提神。

冬日的乡间，人多昏昏欲睡，再加上连绵的雨雪，若是吃上这样一道冰溜子，那可真算是俏皮极了。人会一激灵，把绵软的身体叫醒，走出去，打雪仗，堆雪人，享受窗外一场繁盛的雪事。

早些年，很少有人爱吃油炸冰溜子，在乡下老年人的眼里，吃这种菜的人，多数不安分，也就是不会正经过日子。你想呀，谁会没事捣鼓这种稀奇古怪的东西来吃？其实，说白了，这也是老年人思想守旧的表现。村子里，就有一个东北媳妇儿，是一位朱姓人家的男子到东北做药材生意时，恋了爱，带回来的，她就格外爱吃爱做油炸冰溜子，日子也一样过得舒坦，家务也打理得井井有条。吃食和性格，并不像许多老辈人想得那样关联紧密，部分年岁大的人，出发点是好的，但思想多少有些偏执了。

在故乡，油炸冰溜子还被形容成气节刚强的人。这道菜，外表并不十分坚固，稍稍一放便显软弱，但内心却坚韧无比，似一把刀子，捅向岁月的不堪。村子里曾有一位林奶奶，她是个思想开明的人，林奶奶是城里大户人家的孩子，跟随林爷爷一生奔波。后来，丈夫被日本兵给枪毙了，那时候，林奶奶还是林小姐，却终生没有再嫁，而是选择回到林爷爷的出生地，也就是我们村子。林奶奶后来在村子里的小学做了教师，伶仃一生，膝下也没有一儿半女，弥留之际，邻人们问她还有什么遗愿没有？她挣扎着坐起来说：“我就想尝一口油炸冰溜子。”邻居们去给她做了，虽然年至耄耋，林奶奶的牙都掉光了，可是，她却能把油炸冰溜子咬得嘎嘣一声脆香，然后，狠劲儿地嚼了几下，咽了气。众人皆说，林奶奶是个有骨气的女人，像这房檐上的冰溜子。

说这话，已经倏忽二十几年了，如今，在皖北乡间，再也难觅冰溜子的影子。近些年的冬天，似乎也没有那时候冷了，再吃冰溜子，恐怕真要到东北去了。

低头切菜，抬头收衣

那些年在合肥，刚刚毕业，在一家晚报社实习。朝九晚五，早餐是一通对付，鸡蛋饼、豆浆，坐15路公交，春夏秋冬的等待，亲情冷暖的拥挤，可是，这样的日子自得其乐。乐的是晚上拖着疲惫的身躯回到住处，去最近的菜市场，买自己最爱吃的青菜，回去好好犒劳自己。

做厨子的舅舅说，一个人，无论到了什么时候，只要还拎得动菜刀，能给自己做一顿好饭，就差不到哪里去。我信他。

这种信，我把它付之于菜市场里。挑选最实惠的白菜、萝卜，弄上一尼龙袋，买上一捆粉丝（皖北人称它为“细粉”），整个冬天都无忧了。萝卜煨细粉、白菜煨细粉。当然，有时候是萝卜白菜煨细粉，我把这道菜称为“桃园三结义”。事先用开水烫好细粉，锅内放油、葱姜，然后放上烫好的细粉，扑腾扑腾地煮上半天，待到细粉半熟，把切好的白菜萝卜放进去，再放一些猪油进去烹炒，那味道，真是穿肠难忘。

老实说，那段日子，我过得并不怎么开心，工作的迷茫，前路的黯淡，收入的屈指可数，我心里阴郁极了。可是，每每吃上这样一顿“桃园三结义”，心里似乎又有了底气：把随身听放到最大音量，几近破锣腔；把穿了一天的脏衣服放在盆里洗，洗好拿到阳台去晾晒；然后，收回晾晒了一天的衣服和被褥，极具阳光味道，又是一夜好梦。第二天一早，我再次出现在北风萧瑟的公交站台。

那段时光，正是李安导演被炒得沸沸扬扬的时刻。这样伟大的导演，也曾在家里做了八年的“煮夫”，在最低潮的岁月，做着奉献家庭的事，如今回过头来被人提及，非但不憋屈，反倒很光荣。低头切菜，抬头收衣，这似乎都是女人的活，然而，这世界上，除了生孩子，活儿哪还分什么男女？都是一样的活儿，只不过人的“活法”不同罢了。

在合肥的那段日子，我看了许多卡尔维诺的书。这位一生命途多舛的作家，在曲折的人生路途里，总用童话般的笔触描摹人生，入木三分，每一个情节里都充满了乐观，充满了对迷茫前路的刺破和窥探。在他的自传里，有这样一段他写自己生活的话：

对我来讲，理想的住处是个外来客能够安心自在地住下的地方。所以我在巴黎找到了我的妻子，建立了家庭，还养大了一个女儿。我的妻子也是个外来客，当我们三个在一起，我们讲三种不同的语言。一切都会变，可安放在我们体内的语言不会，它的独立和持久超过了母亲的子宫。

卡尔维诺把自己的家事总结为一个词：体内语言。他对命运讳莫如深。在他看来，他不需要人同情，也不需要人羡慕，他就这样一直低温地活着，活色生香。

生活有时候就是“DIY”，没有人可以帮我们，但我们永远都不是孤立的。当平淡或贫瘠成了我们生活的“明线”，总会有一个人、一本书、一道菜，自然形成生活的“暗线”。他（它）悠悠地散发着奇异的香氛，引领我们“出走”并“走出”。

二、皖南篇

吃在合肥真得味

人们常常以调侃的口气说安徽“不东不西”、合肥“不南不北”。前者主要指其在中国经济生活中的境况；后者则是一种实实在在的地域指向，它必然历史地造成合肥饮食流派的纷繁芜杂，呈并带来当下诸多菜系“百花齐放”的局面。最大的好处是餐饮业发达，大大满足了当地饕餮之徒的食欲，收入不高胃口好，城市不大嘴巴大，嘴大才能吃四方嘛。

合肥出过包拯、李鸿章这样的名人。但他俩一个忙于廉政肃贪，当青天大老爷；一个忙于搞外交，办洋务，做清王朝的裱糊匠，自然无法像性情洒脱的苏东坡那样，留下几道脍炙人口、千古流香的名菜。外地人来合肥，傻乎乎要吃徽菜，好客的主人当然投其所好。殊不知，徽菜虽尊为八大菜系之一，但地域性极强，离开了一府六县的老徽州，色、香、味都要大打折扣的。你上了桌，菜倒是一道道川流不息地端上来，可毛豆腐无毛，油豆腐少油；竹笋、蕨菜皆是真空包装，食之无味的货色；吃人工饲料的王八倒是壮硕得很，哪比得上野生的“沙地马蹄鳖”；果子狸又牵连上了“非典”，几近“满门抄斩”。唯一能隆重推出的当家菜只有臭鳜鱼了——一道颇含哲学意蕴的徽菜：闻起来臭，吃起来香，否极泰来是也。可人们并不知道，臭鳜鱼的货源、腌制程序、烹调方法都是极讲究的，岂是一个臭字能了的。中医治病有“望、闻、问、切”，品尝臭鳜鱼亦有“夹、看、吃”三步：首先是夹，筷子顺着鱼骨夹下去，肉质坚挺，大块夹起说明原料鲜活，腌制得法；若软塌塌地，骨肉相连，则是糊弄人的玩意了。其次是看，上品的鱼肉呈玉色，片鳞状的脉络清晰可见，筷子稍稍用力便碎开了。第三步是吃到嘴里，始有微臭，继而鲜、嫩、爽，最后是余香满口。外地人哪知道这些呢？在主人的一再相邀下，他们会下箸品尝，并频频点头说好。真正的吃后感大抵是：臭鳜鱼不可不吃，臭鳜鱼不可再吃。这就影响了徽菜的品牌和形象。五城的豆腐干倒是从当地贩来的，原汁原味，但终归不是鸿篇巨制，撑不起台面。就像写文章的人，没几篇像样的大作，能说是作家？凡此种种，本应是“大哥大”的徽菜，委屈地沦为“小伙计”了，尽管有时还摆出个没落贵族的架势。它的出路是与时俱进，发展是硬道理，改革为第一要务。

没有了主旋律，合肥的饮食文化就进入了“春秋战国”时代。起始是川菜，着实把合肥人“麻辣烫”了一番；继而是粤菜，也让大家“生生猛猛”了一遭；再就是清清爽爽的杭帮菜登场。有意思的是，这些风格迥异的菜肴非但没有各领风骚三五月，然后悄悄地偃旗息鼓，而是各得其所，各赚其钱，合肥还真有点兼收并蓄、有容乃大的气派。这个一百多万人口的城市，究竟有多少家饭店、酒家，谁也说不清。目前大致呈两极化态势：越大越豪华的，生意愈发火爆，简陋的小酒店也常常座无虚席，它们共同书写着合肥饮食文化的篇章，装点着这个城市灯红酒绿、飘忽不定的夜晚。最尴尬的是那些高低不就且又无特色的中档饭店，有的真是门可罗雀。每每见之，总想起鲁迅笔下穿长衫、站着喝酒的那个人物。为了将餐饮进行到底，只好常常“城头变幻大王旗”，以招揽食客。

说白了，低价饭店的成功在于打了土菜的牌子。如同人们喝酒盖脸，能说些平日里不能言及的话语。一个“土”字，造就了大碗喝酒、大块吃肉、大吹大擂的氛围，也蔽住了饭店设施之简陋、成本之低廉。何况对吃腻了山珍海味者而言，或许还是一种返璞归真呢！土，意味着崇尚自然。崇尚自然是一种时尚。这也挺符合合肥人的收入水平，钱袋不是那么羞涩，但也不鼓囊，花百来块钱买醉，何乐而不为。在我的记忆里，土菜的始作俑者是当年城隍庙门口卖煮蚕豆的老大爷。“一毛哪，吃热的”，字正腔圆的当地话，逗乐了多少合肥人，可惜已成了绝响。最画龙点睛的是大排档上高高码起、油光红亮的大龙虾。整条街排列过去，加上那些赤膊敞怀的吃客、胡侃海聊的话题、满地的啤酒瓶，绝对是合肥的一道饮食风景。这最先从阴沟里钓出来的玩意儿，还真能化腐朽为神奇。它恢宏的气势，足以让合肥每年都办一个热热闹闹、高潮迭起的“龙虾节”。当然，我还要告诉你，合肥最“土著”的土菜是这样一道：黄豆炖咸鸭子，如果能去尝尝，那才真得味！

屯溪街头寻吃

早年屯溪有民谣：老街的面、黎阳的粿、柏树的烧饼、大头的饺。这可以算作那时的一张美食地图，用当地的土话念起来，很是抑扬顿挫，朗朗上口。寥寥可数的几样，曾很长时间使众多屯溪人清淡如水的生活漾出些温馨的暖意，如今它们已难见踪迹。当你食欲旺盛时漫步街头，步履虽是不徐不疾，眼睛早已四下张望了。众里寻它千百度，最好吃的莫非也在灯火阑珊处？

尽管此地饕餮之徒的队伍迅猛壮大，但能出入高档酒楼“吃请”或“请吃”者终是少数，大多数人更钟情于街头巷尾的小饭店、小酒肆。哪怕门面再小、条件简陋，花不多的银两买醉，微醺后勾肩搭背地沿着新安江踏月而归，岂不乐哉？老板们熟知“山不在高，有仙则名；水不在深，有龙则灵”，会尽心尽力打造若干品牌菜招揽食客。像二道岭的红烧瓦块鱼，选活生生的大草鱼剁块暴腌，作料无非是蒜、姜、干辣椒之类，吃起来却是鲜嫩无比。那鱼肉呈玉色，片鳞状的脉络清晰可见，筷子稍稍用力夹，便碎开了。一时间，食客闻风云集。迟来的，只能坐在门口的条凳上挨个候着。老板端来瓜子伺候，也只能浅尝辄止，生怕那玩意嗑多了败胃口。类似的场景在那个闻名遐迩老鸡汤店得以复制，那一钵子原汁原味的汤端上来热气全无、纹丝不动，浅尝一口则是鲜烫醇浓得一塌糊涂，有点终生难忘。

其实，最能体现一个城市饮食文化特色的还是那些散布在街头巷尾的小吃摊。一觉睡到自然醒，揉揉眼，拉开窗帘，几抹鲜亮的阳光已斜斜地照进来了。昨晚没喝酒，胃肠很轻松。洗漱后伸伸懒腰就出门了。十几米外的拐弯处就有一个粥摊。粥用特大的铝锅熬了一夜，白生生的，稀稠适中。一碗粥佐以若干金黄的锅贴或韭菜饼，一小碟腌豆角也是必不可少的。粥要烫，喝下去额头冒汗，周身通泰，一天的美好就此开始。我嗜馄饨，尤好跃进路“山城饺店”那一家。皮薄肉鲜且多，配料也不错，倘若有同德仁出的黑胡椒粉撒上更好。我慢条斯理地吞咽着，会想到名为“蟹壳黄”的小烧饼。五花肉丁与霉干菜羼在一起，烤得焦黄渗油。如今街头比比皆是，我无限怀念当年胡开文墨厂门口那一家，真希望它做大做强，最好能与麦当劳“PK”一下。到了中午，我有时会婉拒朋友的“请吃”，但寻一盘正宗的徽式炒面却很难得，颇让人沮丧。所幸的是，有一崔氏人家开了三家连锁的汤面店。退而求之，面条的质地可以，清汤清水；浇头品种蛮多，也够味，还让我满意。

作为久居他乡的屯溪土著，我很喜欢春秋两季跑回去享享口福。春天有蕨菜与小竹笋，漫山遍野长得很欢腾。前者与火腿丝一起，用大火爆炒；后者则和腊肉放在砂锅里，文火慢炖。两道菜若在桌上联袂亮相，我绝对喜笑颜开。一场秋雨，山坡上就钻出了松毛蕈，没准第二天哪家小饭店就有。这可是绝对环保的绿色食品，多出点钱，让老板烧上一大钵子，打几块嫩豆腐、切几段水葱进去。吃得酣畅淋漓，连呼过瘾！末了，再来一大碗新上市的白米饭扒拉下去。出店门时，拍拍肚子，自言自语：“这做饭袋的滋味比当酒囊好。”

屯溪是旅游城市，入夜也是灯红酒绿的。数年前，新安江边大排档长龙般地逶迤排开，颇有些气势。现在整顿市容，搞环境卫生，都搬进室内了。一两个包厢、三五个台面、六七个特色菜，生意做得红红火火。当然，中高档饭店有好菜，也可以偶尔光顾。如“徽商故里”的猪肠烧猪血、“紫云”的臭鳜鱼，吃了一次就一而再，再而三，欲罢不能了。“香格里拉”的干锅狗肉又辣又鲜，不比贵州的花江狗肉差，直吃得舌齿麻木、面色潮红。出店门，看见不远处的路灯下，有人在卖红皮甘蔗。买一根削皮剁成几节，带回家置冰箱冷冷身段。半小时后取出啃将起来，两颊生津，清凉无比！

茶叶蛋

某誉满全球的世界级饮料公司总裁到上海开会。一日天色已晚，总裁有暇出去散步，转悠至一小巷里，发现一夫妻店。尽管袖珍得可以，但各色食品也琳琅满目地摆满了货架。让总裁眼睛一亮的是：公司旗下的产品占据着显要位置，很有点唯我独尊的味道。总裁正窃喜着，突然一阵香味浮动，从小巷深处飘袅而来。他循味而去，在昏黄的路灯下，一老妪端坐在矮凳上，面前一只煤球炉，上置一特大号钢精锅，里面是满满盈盈、热气腾腾的一锅茶叶蛋。总裁始而惊愕，继而钦佩：他的横扫世界的品牌，居然在这角落里遇到了竞争对手。中国小小的茶叶蛋，可不能小视啊。

说茶叶蛋能与年销售几百亿美元的公司抗衡未免搞大了，但你可以在任何一个有中国人的地方见到它的踪迹却是不争的事实。台湾的统一超商一年要卖四千万个茶叶蛋，与民生息息相关，居然成为当地重要的物价指数。有专家指出，茶叶中有生物碱成分，烧煮后会渗到鸡蛋里，与其中的铁元素结合，影响营养物质的消化吸收。看来大家把这谆谆告诫都当耳边风了，茶叶蛋仍长盛不衰，很强势地占据着人们胃口的一隅。或许是在上学的早晨，揉着眼睛的你很不情愿地被从温暖的被窝里叫起。匆匆地洗漱一下，坐到餐桌边。亲爱的父母已为你准备了牛奶、蛋糕，两只茶叶蛋已剥去外壳，盛在白瓷碟里静静地等你享用；或许是在离家打工远行时，你已经走到村口了，白发苍苍的老娘匆匆地赶上来，把一袋温热的茶叶蛋连同不知重复了多少遍的叮嘱一同塞进你鼓鼓的行囊里；夜深人静，你不知疲倦地在观赏一张白天淘来的碟片，肚子饿得有点咕咕叫了，一想到炉子上还煨着几个早晨吃剩下来的茶叶蛋，顿时精神为之一振，忍不住又看了一集……它之所以深得民心，广受青睐，在于味道不错且又制作方便——以至于成了简单劳动的代名词。若干年前，知识不值钱，便有人愤愤不平地放言：搞导弹的不如卖茶叶蛋的。其实，把白鸡蛋变成茶叶蛋也是挺有学问的，有人为此还专门出了一本专著呢！单单作料就可以开出一大溜：精盐、老抽、桂皮、茴香、八角、冰糖……放多少茶叶也是极讲究的，多了，涩嘴；少了，没味。标准的当为二斤鸡蛋放三钱茶叶。当然，这是可以商榷的。最关键的还是茶叶的品种与质地，一般人家煮茶叶蛋，断不会用好茶，一把陈年老茶或茶叶末伺候罢了。倘若茶卤舍不得倒掉，如此三五回下来，茶叶蛋非弄得苦果一般。某美食家经过论证、比较，很郑重其事地得出结论：用乌龙茶最好。他言之凿凿，我等半信半疑，权且作为一家之言束之高阁吧。

当下茶叶蛋的品质如何，最主要的还是追根溯源于什么鸡下的什么蛋。我们很难想象大洋彼岸的美国现代化养鸡场那些高高大大的洋鸡，能下出我们喜爱的、有中国特色的茶叶蛋。现在时兴的土鸡蛋，来自祖国乡村的广阔天地。生命在于运动，千千万万的鸡们在田野里奔走、嬉戏、觅食，在与自然的和谐相处中，下出我们需要的蛋。它们个头小，壳上或许还带着泥巴和鸡屎，煮后一剥去便是周身圆润，通体光滑，蛋清如黄黄的凝脂一般。进嘴后的感觉，绝非语言所能准确地表达。那洋鸡蛋产量高，又大又圆，基本占领了茶叶蛋的市场，吃起来有点像豆腐渣。每每如此，就格外想念土鸡蛋，有时想办法买一点，即使价格贵几倍也在所不惜。

茶叶蛋

我是热爱茶叶蛋的。小时候家境一般，但隔三岔五也能与茶叶蛋遭遇一次。煮鸡蛋用的是一个老式砂锅，一次能放二十来个。它恐怕有些年头了，锅壁满是茶垢，让人觉得不放茶叶也能煮出香喷喷的蛋来。每当砂锅空空时，我便有一种失望感和惆怅感，然后就是盼望与期待，掐着指头计算下一个轮回的到来。最幸福的是年三十夜，吃罢年夜饭收拾停当，长辈们就忙碌着煮茶叶蛋了。担当此任的是一口大铁锅，足足放得下十斤鸡蛋。没有电视、没有春晚，我们看着大人忙前忙后——刷锅、洗蛋、放水、点火……心里充满了喜悦。很快，通红的火焰欢乐地舔着锅底，水也快活地沸腾起来。约莫半小时后，退火冷却，把鸡蛋拿出来用小面杖敲击三两下，形成几道细细的裂纹。笃笃的声音与外面此起彼伏的鞭炮声交织在一起，无疑是我童年时代最美妙的音乐，常常把我送进沉沉的梦乡。初一早晨醒来，茶叶蛋焐在锅里，已大功告成。唯有在此时，可以放开肚子吃，大人不干涉，只是要你再喝一碗红枣薏米稀饭。

徽州这地方有风俗，对正月登门拜年的人，一定要奉上一盘茶叶蛋；客人也要当着主人面吃一两只下去，以示礼数。久而久之，这就成了徽州年文化的一个组成部分。一天拜下来，十几个乃至更多的茶叶蛋堵在胃里也是不好受的。你推辞再三也是枉然，主人剥好了就差往你嘴里塞了。吃得你直打饱嗝，没有了胃口，也辜负了众多酒席上的好饭好菜。好在现在流行电话拜年、短信拜年，大家都如释重负了。

臭鳜鱼

大凡提到八大菜系之一的徽菜，如数家珍地当家菜便是：清炖马蹄鳖、红烧果子狸、臭鳜鱼……如今，吃人工饲料的王八是越养越大，哪里去觅得野生的“沙地马蹄鳖”；果子狸又牵连上了“非典”，至今还没有完全说清楚。看来，这臭鳜鱼的身价倒有可能见涨了。

外地人到徽州，山爬了，“迷窟”钻了，牌坊和祠堂也看了，最终得吃几个徽州菜以求功德圆满。无论是在老街古色古香的酒楼，还是在村旁路边的小店，“臭鳜鱼”当属隆重推出的一道菜。一般是在酒喝数巡、菜上大半时，它携些许臭味，款款被端至桌面，面对客人微皱的眉头，多少有些疑惑的目光，主人照例要说一段故事的。经典的版本大抵如此：二百多年前，沿江贵池、铜陵一带的鱼贩子将鳜鱼运至徽州，途中为防止鲜鱼变质，采取一层鱼洒一层淡盐水的办法，经常上下翻动。几天后，抵达目的地，鱼鳃仍然是红色，鳞不脱，只是表皮发出一种似臭非臭的异味。洗净，热油细火烹调后，成了鲜香无比的佳肴。它的关键在于腌制：取料要鲜活；须放在木桶或瓦瓮里；温度在25℃左右，时间六七天。当然，臭鳜鱼的烧法也是挺讲究的。如在鱼背上该划几道斜刀花；油熬到几成熟，鱼才下锅；作为配料的鞭笋、猪肉质地如何；旺火与文火的时间掌握；等等。若客人雅兴上来，则还要扯些与此相关的枝枝蔓蔓的花絮、逸闻了。什么苗知府与王小二的的故事呀，某个徽州名人如何嗜食呀，甚至挂上了“桃花流水鳜鱼肥”的张志和。唯独不提当地的大文人胡适，他情有独钟“一品锅”，是世人皆知的。这说来说去，文化味就越来越浓了，品尝臭鳜鱼，就是在品味徽州文化，客人和主人一起，也愈发显得清逸儒雅。倘若客人还意犹未尽，那就只好着意一个“臭”字，而进入哲学境界的神聊了——否极泰来，闻起来臭，吃起来香。一条臭鳜鱼，引得谈趣盎然，妙论迭出。

臭鳜鱼

我曾问过不少品尝过臭鳜鱼的外地人，他们的“吃后感”大多是：臭鳜鱼不可不吃，臭鳜鱼不想再吃，铁杆喜爱者甚少。这让我这个“徽州土著”颇感失落。看来，即便是在徽州当地，正宗的、道地的臭鳜鱼也渐行渐远。这涉及货源、腌制程序、烹调方法等。徽菜式微，不能像川菜、粤菜那样纵横天下，原因大抵如此。令人伤感的是，在徽菜的发源地，正儿八经的徽菜馆都已寥若晨星。不过，口福是可遇不可求的，兴许在哪一个偏僻农家的饭桌上，你会遭遇上一两尾原汁原味的臭鳜鱼，让你大快朵颐。中医治病有“望、闻、问、切”四法，窃以为品尝臭鳜鱼有“夹、看、吃”三步：首先是夹，筷子顺着鱼骨夹下去，肉质坚挺，大块夹起说明原料鲜活，腌制得法；若软塌塌的，骨肉相连，则是糊弄人的玩意了。其次是看，上品的鱼肉呈玉色，片鳞状的脉络清晰可见，筷子稍稍用力便碎开了。第三步是吃到嘴里，始有微臭，继而鲜、嫩、爽，最后是余香满口。此时，座前若有一盅新上市的徽州贡菊茶更好。呷两口，更觉神清气爽，周身通泰。

胡适一品锅

石原皋先生在《闲话胡适》一书的第 94 页描述了当年在胡家吃徽州锅的情景。落笔朴实，着墨不多，颇有味道。读之，形而上者心驰神往，形而下者则垂涎三尺了。

胡适是新派文人，但乡土情结极重。他嗜食徽州锅，请客是必上的当家菜。即便在担任驻美大使时，也要让它漂洋过海，给洋人见识见识这徽州大山里的“土特产”。《胡适自述自传》劈头第一句就是：我是安徽徽州人。不谈文化与修养，就饮食层面而言，说这话也是底气十足的。胡适是绩溪上庄人，他的妻子江冬秀是旌德江村人，徽州锅在这一带最为流行。今天的徽菜馆，无论是“李逵”还是“李鬼”，都将之作为招牌菜隆重推出。只是改换了名头，赫然写着：一品锅。据说这名称很有些来头：明朝某皇帝一天突然驾临石台县“四部尚书”毕锵家，逼得一品诰命夫人余氏烧了一个火锅奉上。皇帝吃得津津有味，赞不绝口。听说是夫人亲手做的，便御口一开：原来还是一品锅啊。从此一品锅声名鹊起，一发而不可收。想想也是，这皇帝一旦是个饕餮之徒，又时常喜欢到民间走动走动、吃吃喝喝，兴致上来了，这天下御定的菜肴真不知有多少。其实，真正一品锅之名源于孔府。孔子的后代在明清两代封爵为“当朝一品”官衔，乾隆皇帝赐孔府《满汉全席》银餐具中最大的一件，称为“当朝一品锅”。把徽州锅也叫作一品锅，无非是想沾一点帝王之气造势罢了。

在徽菜这个家族中，一品锅的地位并不高。倘若以公、侯、伯、子、男排列，充其量属于“伯爵”级。过年的时候，大户人家在宽敞的厅堂里开席畅饮。各式菜肴林林总总，一品锅也断不可少。锅里热气袅袅，桌上杯盏交错。列祖列宗的画像高悬在高燃的红烛之后，很满意地看着子孙们不忘传统。寻常人家生活再窘迫，此时桌上一品锅还是有的，只是孤零零的，没有七碗八盘做陪衬，其中的品种与质地当然也不能和前者比拟。就着一斤散打的水酒，一家人吃着、喝着，也其乐融融。破败老屋的梁柱上，兴许还贴着这样的联子：刚日读经柔日读史，怒气写竹喜气写兰。你读了大吃一惊，立刻对那个身上遍布补丁、满嘴土话的主人刮目相看。你要再和他叙下去，他也许会侃侃地聊起他的家谱。枝蔓清楚地续上几十代，源头还是中原的衣冠大族。家族里有的是尚书、翰林什么的，阔着呢！

一品锅

一品锅完全有徽菜的特点，既重油，又重色。徽州多山，山里水硬，要刮油的，不吃些油腻之物，肚子难受。难得石氏好记性，让我们知道了道地的一品锅像宝塔一样有七层：最底层是笋类，还没拱出土的新鲜冬笋为上品，干豆角、干蕨菜也可充任；

然后是切成长方形的五花肉；第三层为油豆腐，炸得松松泡泡的；第四层为鸡块；第五层为蛋饺或肉圆；第六层是乡村老豆腐，手工磨的；最上面盖着碧绿清爽的蔬菜。白白的蒜段、红红的干辣椒点缀其间。锅须是生铁锅，炉须是炭火炉，整个地端上来，热气腾腾，香气四溢，大快人心，大开胃口。别看里面水陆杂陈许多，其实，一品锅的点睛之笔是火功——没有两三个小时的文火慢煨，那成色是要大打折扣的。标志就是五花肉近似东坡肉，入口即化。那油层层渗下去，锅中之物能不让人大快朵颐?

现在一品锅的赝品太多。究其原因，一是原料缺二少三，以次充好；二是缺乏文火长时间的伺候，速成很便当，这色香味就全没了。现今人心浮躁，流行快餐文化，一品锅在此大背景下安能坚守如磐？我走过徽州许多乡镇，吃了不少火锅，但都觉得与真正的一品锅相距甚远。唯一可圈可点的是去年春节在老友飞立家吃到他岳母做的锅子，似可与石氏笔下的相媲美。该有的都有了，那肉圆子更是好吃，至今还颊齿留香：猪腿肉细细剁就，羼进了冬笋丁、荸荠丁、香菇丁和海米。直径一尺五的大铁锅占了半个圆桌面。美中不足的是底下烧的是酒精。没有了炭炉子和硬邦邦的栎炭，好像就差了点境界。

刀板香

终于有徽菜馆把刀板香作为自己的招牌菜打将出来了，窃喜。这腌制的咸肉，原本是徽菜中的“一介布衣”，居然也和臭鳜鱼、红烧马蹄鳖、清炖石鸡这些“贵族”平起平坐了，徽菜的“颠覆”可见一斑。我对刀板香的来历颇存疑点：在焖蒸过程中将之置于上等香樟木板上，所有油腻皆被木板吸走。既保持了肉的咸鲜又肥而不腻。一道民间的家常菜，我们的老祖宗果真吃得如此考究吗?

刀板香的确是普普通通的徽州土菜，但在那些缺油少荤的日子里，无论是在城里还是乡下，能受用它，哪怕是浅尝辄止，也是一件奢侈的事情。农民辛苦了一年，能在腊月杀一口百来斤的年猪，算得上村里的大户。杀猪饭是要吃的，端上来的荤菜大多是猪血猪肺之类的下水。肉卖一些，换点花花绿绿的年货，大部分都是要腌起来的。起缸后，一刀刀的肉就挂在老屋向阳的一面墙上。墙早已是斑驳陆离、破颓不堪了，挂上一溜子此物，真有点“蓬荜生辉”。据说以前东北人家家底是否殷实，是看院子里有多少口酸菜缸；墙上有几刀腌咸肉，则是那时徽州人家的富裕指数了。那肉大多有二尺长左右，冬天暖洋洋的太阳普照着，未曾褪去的粗盐粒晶莹发亮。当家的主人闻着淡淡的花椒味，粗糙的脸上漾满了农耕时代的心满意足和喜气洋洋。

刀板香

刀板香能否真正香起来，功夫在于“晒”，时节与日头都是很讲究的。最好在春节前后有一段“天不刮风天不下雨天上有太阳”的日子，沐浴着灿烂又柔和的阳光，白花花的肉渐渐泛黄、出油。待到春江水暖，柳枝萌出鹅黄的嫩芽时，就要赶紧往老屋里搬了。于是，当年吉辰堂屋前悬挂喜庆大红灯笼的精致吊钩上，垂下了一刀刀的刀板香，被穿堂的风吹着，慢慢地风干，也让你平添一些往事如烟的感慨。世事沧桑，老屋的主人，不再是风雅倜傥、谈笑挥洒的儒商，而是胼手胝足、躬耕于陇亩的庄稼人。没准那块砌猪圈的大青石，还是当年美轮美奂的碑刻呢！一到杜鹃花漫山遍野火一样开放、春笋争先恐后地拱出地面时，刀板香便可以开刀品尝了。最普遍的吃法是将其与春笋共置于一砂锅里，文火炖着，八成熟时，捞出切之。刀起落处，香气四溢，让人垂涎不已。有意思的是，能充任刀板香的并不是很多人看好的腿肉、肩胛肉，而是不起眼的五花肉。此部位肥瘦相间、层次分明、熟而不烂，盛在盘中也颇为坚挺，很有看相。在乡村，刀板香可是一道待客的主菜，不是在春耕耙地插秧或夏季抢收抢种那些耗大力流大汗的日子，自家人不会轻易动刀动筷。农家的做法大抵是切片放到烧柴的大铁锅里干蒸，肉在蓝边的粗瓷大碗里金字塔般地堆积着。你一见，切不可迫不及待地大快朵颐，三层以下，便是笋衣了。徽州人节俭又要面子，你可要悠着点。其实，那肉下的笋衣最好吃，嫩嫩的，且浸透了油，这可是刀板香的精髓呀！

也许是当下饮食文化过于发达，人们的味蕾已近乎麻木。同样的人，再品尝刀板香，当年的那份有滋有味已很难寻得。话又得说回来，同样是猪，催肥饲料圈养的能与喂糠吃猪草的同日而语吗？倘若遭遇到注水什么的，活该倒霉。“中国第一状元县”休宁蓝田乡的花猪挺不错，土法养的。这里盛产“蓝花火腿”，刀板香亦闻名遐迩。但冠之以“中国第一猪乡”，广告牌立在马路边，未免搞大了一点。吃来吃去，还是前年在黟县南屏附近一农家小饭店味道最足。刀板香盛在蓝边粗瓷大碗，还没端上桌，那香气就直往你鼻子里钻。夹起来，一块块亮晶晶的，鲜与咸都恰到好处。这道菜才收了我们十块钱，真实惠啊！

腕是这样炖成的

乡贤谢熹在黄梅戏《徽州往事》里，屡屡提到腊蹄心炖冬笋油豆腐，都是在喜庆的时候。这在过去是徽州乡间待客的一道大菜。蹄心可是腊火腿的精华所在，自然受宠；往下一节便是蹄腕了，骨大皮厚，食之费劲，弃之可惜，价值往往被相当严重地低估。

火腿晒好以后，挂什么地方大有讲究。物换星移，大户人家湮去，雕梁画栋犹存。当年门厅冬瓜梁上高挂大红灯笼的吊钩，如今高悬着一排火腿，倒也见证了世事沧桑。通风且安全，猫和黄鼠狼一类一般很难得逞。堂前燕飞来穿去，看到了日子的平常与殷实。寒来暑往，待到火腿吃得只剩蹄腕及以下时，主人会顾及面子，及时地将其转至灶间幽暗处，任它烟熏火燎而忘却。一天城里客不请自来，窘急中取下，意欲凑一菜。模样已形同枯槁，“咄”的一声剁开，香气袅出，真正的陈年老味，岁月造就。自家菜园里拔几个萝卜洗净切块，一锅炖了。两个时辰，蹄腕金黄微软；萝卜犹白，几近酥烂。城里客连连吃喝数碗而不能停，大呼小叫：“好吃好吃!”表示这是第一次品尝如此美味，回去一定要克隆复制，与家人朋友共享。

此人估计不是徽州土著，所以一惊一乍的。大凡本地人家，于这道菜都颇熟悉。尽管已近下脚料，终归是火腿不可或缺的组成部分，雅称：金腕。要把它做成一道好菜，还须细细打理，一点怠慢不得的。热水柔洗，清除表层薄薄黄垢；一节蹄腕，可剁成三五段，置大钵中，水漫过。过去用砂锅，而今只要是个能放到火上烧的盛器，就一炖了事。一道菜除色香味，用何器皿也是讲究的。你看那国宴上的菜就简单的几道，那碗那碟那筷那勺可马虎不得。砂锅外形浑朴、实在，肚大能容，一旦沸腾起来，土话叫作“滴笃翻”。蹄腕随波逐浪，上下起伏，盖子沉甸甸的，把一锅香气严严实实地焐住，不走漏半点。

这是一道功夫菜，火候是至关重要的。绝对要文火，讲究稳健与徐缓。性急者，不太适合烹饪操作。过去用炭炉，烧木炭，与其相得益彰。栎炭耐烧，暗幽幽地发火，要把蹄腕炖得原汁原味，须三个时辰。人是不能离开的，无聊了，拿一本闲书来看便是，最好是明清笔记小品一类。窗外若北风呼啸，白雪飘落更好。现在便捷，电炖锅、电饭煲功能齐全，一按，就可走人，迎着朝阳去上班，想想家里有一味佳肴在慢条斯理地炖着，感觉挺美好。

有金腕，就有银腕。新鲜的猪手是也。最好是现杀现买的，城里人做到很难，退而求其次，一定不能冰冻过。要茁壮，饱满。有了银腕，金腕在很大程度上就是引领和调味的。金银的比例可在一比三至四。徽州人吃火腿，只要是炖，都只放少许，既经济，又好吃；无论和什么搭配，火腿味道都是满满的。反之，则是可惜了。革命老前辈李一氓在《征途食事》中回忆：红军长征过云南宣威，弄到大批火腿。炊事班不懂，将其剁成大块，放进大锅里煮，结果火腿毫无味道，成了一大锅油汤。

腿 腕

金腕银腕炖成一锅，另外几样亦是不可或缺的。首选冬笋，可惜此物时令性太强，有时强求不得，可用茶笋替代。它由水竹笋腌成，中指粗细最好，留头去尾，要嫩，先用清水漂去咸味。还有油豆腐（豆腐角），一定要徽州本地的，到菜场早市去买。一串串，炸得蓬松松的，炖后内里全张开了，灌汤入味。吃的时候要小心，别让汤烫了嘴。其他如肉皮肚、鸡蛋饺、黑木耳来者不拒，也要注意“大成若缺”，不宜盈满。最后吃剩下的汤可炖豆腐。冻豆腐，必需的。

上述乃腕之传统经典炖法。与时俱进的也不少，如放进老黄瓜就颇有新意。我弟弟好美食，能烧能吃。炖了一锅金腕银腕，除冬笋丁外，还放了黄豆黄花菜，四个小时的工夫。微信上发出来，引得馋虫蠕动。可望而不可即，来日自己动手，如法炮制，且看滋味如何。

咸 货

春天来了，鄙人寒舍的阳台上，照例要晒几件咸货的。它们面朝窗外刚透出新绿的柳枝，沐浴着明丽的阳光。想着来日里咸货的诸多吃法，舌尖免不了滑动湿润起来。

据说，过去东北人家嫁女，得要先去窥看一下男方的院子里有多少口腌酸菜的大缸。缸多且大，说明这户人家家大业大，人丁兴旺，根底殷实，“翠花”过门后不会受苦的。无独有偶，当年徽州乡村家庭的富足指数，则是开春后你能挂出多少咸货。老屋斑驳陆离的一面墙上，悬着一长溜子此物，猪头、前后胛、五花肉……冬天暖洋洋的太阳普照着，未曾褪去的粗盐粒晶莹发亮。当家的主人闻着淡淡的花椒味，脸上漾满了农耕时代的心满意足。那时，乡里人来拜年，我们问他年景如何，开口就是：去年养了几只猪？他笑吟吟地张开一个巴掌，我们的眼光便直了。猪多肥多粮多，循环往复，日子焉能不滋润？他不会空手来的，这不，从篾编的箩筐里拎出两刀五花腌肉送与我们，一刀足足有二尺长、五六斤重；还满嘴客气话，末了，不忘叮嘱一下：才起缸不久的，还得好好晒些日头。

这是经验之谈，为了舌尖上的享受，你得坚持不懈地做一段时间，短则十天半月，长则一月有余。咸货好吃与否，腌的时辰工艺自不待说，晾晒的工夫亦至关重要。窃以为：咸货香自晒中来。一般是在立春后，咸货们从暗无天日的缸中桶里起身，苍白、松弛、臃肿。此时食之，用再好的作料搭配，它也是一味得死咸。万物成长靠太阳，只需三五个大好晴天，就可否极泰来，华丽转身，通体变得饱满、润亮；太阳落山后，切莫忘了搬将进屋，它在夜晚是不能上承天露，下接地气的。当它们油光光进而整个渐渐泛黄时，就再不能在光天化日下裸晒了。于是，老屋大厅前当年吉辰悬挂喜庆大红灯笼的精致吊钩上，便垂下了一挂挂咸货。柔柔的风从冰凌格状的窗棂中吹过，轻拂着它们，慢慢地风干。下面走走进出的，都是些胼手胝足、躬耕于田垄的庄稼人。那些风雅倜傥，谈笑挥洒的儒商们哪里去了？世事沧桑，往事如梦，

晾晒的咸货

昨夜的星辰昨夜的风，皆化成尘世烟火矣！

咸货的品种林林总总，我的印象里，皖西一带为最多，大凡可食用的动物，都可腌制为之。一次去寿县，进一人家院落，满眼都是晾晒着的咸货，猪、鱼、鸭、鹅、牛、羊、狗、兔……琳琅满目，蔚为大观，我怀疑主人是个做此买卖的商户。请吃也是十盘八碟地上咸货，且都是蒸的。倒是原汁原味了，也颇鲜美，但味蕾被咸得几近麻木，得一盅桂花莲子甜羹已成最大奢望。皖南人吃咸货喜欢用文火慢煨着。清明前后，漫山的竹笋拱出了头，咸货也正好晒得大功告成。食指粗细的水笋剥去了外壳，露出白里泛清的身段，切成一二寸长短模样。笋乃生涩之物，与咸货同煲共炖，方能入味好吃；后者亦能尽量释放咸鲜，求得中庸。我最中意的是五花肉炖笋，功夫菜，文火炖着须两个时辰。不耽误看书写字，只是香气从灶间袅袅出，撩拨得你心猿意马的。五花肉捞出切片装盘，肥瘦相间，层次分明，亮晶晶的，富有动感。还有一味咸货也是喜欢的，徽州土话谓之“豚”，巢湖一带叫“洋鸭”。模样似鸭，体形更富态、行走更绅士，肉质更纤细。与冻豆腐一起炖，绝对双赢。

当下人们注重养生保健，咸货在食谱里日渐式微，特别是联系上了心血管疾病，更是被冷落疏远。乡村里再也不会以咸货的多少来衡量富足的程度。劳动力的匮乏，使猪变得愈发珍稀，那里似乎成了狗的世界。我家的阳台上，咸货也是年年凋零。胃口的改变终究不能毕其功于一役，抵御诱惑也是需要意志的。咸货还是要吃的，不断地做减法吧。有趣的是，去年几件咸货晒毕移到北阳台背阴处风干，竟引来大批鸟雀飞至啄食，我们竟全然不知，见它们上下来回穿飞，甚是奇怪。发现后精华全去，剩皮骨而已。看来它们亦好这一口，我等不孤独。

杀 猪 饭

春夏之交，乡贤老N请吃杀猪饭，乡里乡亲、至朋好友有一百多号人，得摆十几桌。为了这顿大餐，老N前些天特地派人去捉了两头休宁蓝田猪养在家里。此猪口碑不错，瘦肉多、肥肉少，肉质细腻鲜嫩；做出的火腿绝对能与老字号的金华腿“PK”。

我喜欢赶这份热闹，提前一天来了。这是一个典型的徽州古村落，村口的碑亭虽是新修，却古风悠然：三层马头墙，上铺黑瓦；两边透空拱门，留出一大块白墙，写着两个楷楷正正的斗方墨字：月潭。我估计这又是老N的创意，做此类事他既古道热肠又游刃有余。他的宅子距亭子不远，隐隐约约地显露在绿树修竹里，外观是徽派的，与青山绿水相得益彰；内里却是西式的，每一个细节都妥帖、实用、简洁。“中学为体、西学为用”，真是又好看又好住，为现代乡绅的极佳居所。十六张八仙桌已擦洗干净，稳稳当当地摆出来。每张桌配长凳四条，定数八人，这是乡村杀猪饭的“标配”。我是带一张嘴来的，帮不了什么忙，老N让我去村里转转，还给了根木棒，说是吓唬狗用的。村子被青山绿水环绕，老屋犹存，大多数颓衰得不成样子；新楼栋栋，杂乱无章地矗立着。我们在一片犬吠声中沿巷陌漫步，时不时地举棒吓阻它们。其实都是看门狗，叫叫而已，不会离开自家门十米。在当下的乡村，狗多猪少已是不争的事实，猪栏空空如也，一窝猪挤成一团，在槽里拱食的哼哼声已成绝响。晚饭老N摆了两桌，我等除外，宾客都是明日杀猪饭的核心团队，有大厨、屠户、接待……推杯换盏，已然微醺，一个个蓄势待发，摩拳擦掌。菜谱最后敲定，号称“十大碗”：红烧肉、红烧大肠、红烧猪血、炒猪肝、粉蒸排骨……老N深知细节决定成败，又叮嘱交代一番。两位屠户尽管多少回白刀进红刀出了，此时也一再表态：动刀前猪脖子那一圈一定仔细清洗，猪血喷薄而出，务必干干净净溅落盆中。我想帮忙烧火，没想到这也是个技术含量颇高的活。为保持杀猪饭的乡野风味，这些菜须在柴灶上做成。四个大灶一字排开，猛火大火文火交替进行。柴薪的加续，火候的调度，都是极其讲究的。我有何能，焉堪此大任？

因为是中饭，猪的宰杀定在凌晨四点。它们将在黎明前死去，此时恐怕也不会有主妇含泪喂最后一顿好伙食了。不是自家一把菜一勺糠养大的，哪有感情呢？杯酒催眠，上床便入睡，醒来正好四点，周遭寂静，奇怪不闻猪凄厉的叫声。披衣出门，但见院场上人影绰动，腰桶里依稀有大物。月朗星稀，杀戮已悄无声息地完成。实在是高手所为，不能不佩服。我突然想起几年前两位学者关于生命的对话，皆以猪为例。一位说：猪是所有生命中最失败的，从生到死，短暂的一生没有任何喜怒哀乐的体验。另一位的观点则不然：猪是幸福的，牛要耕作，狗要看门，鸡鸭鹅好歹也要自己觅点食。而猪一辈子衣食无忧，没有烦恼，傻傻地活着，痛痛快快地死。我还想作一番形而上的思考，门“吱”地开了，大厨出来了，交代七点一定要出肉，时间耽误不得。他厨艺相当不错，尤擅长烧菜类。以往都是私房小众，这顿杀猪饭属大手笔，具有里程碑的意义。成就辉煌，在此一举，一点马虎不得。

天已大亮，我无法再入睡，就在大厅前倚着方桌，读老N送我的《徽州月潭朱氏》一书。这个村子文化底蕴厚重，历史上人才迭出，薪火相传，延绵至今，我仰慕和熟悉的许多人皆列其中。这是部非常难得的村史族书，书的编纂者有功底，下了大功夫。相邻的大桌上，整齐地摆放着四片已收拾好的猪肉，我无形中成了一个守望者。今天的杀猪饭若再策划些程序仪式什么的，便是一项民俗活动，没准就编入了该书的续集。七点刚过，大厨又出现了，围裙上身，势子端正。他大光其火，缘由是说好的各路人马一个未到。想想也是，什么时候了，身边仅有个捧着一本书，百无一用的鄙人，能不急吗？好在七点半后，一拨拨人陆续进场，以中年妇女为主，一看就是勤劳干活、手脚麻利的“主妇型”。洗碗便洗碗，切菜便切菜，烧火便烧火，皆有条不紊地工作着。倒是老N过了九点还在高卧，不见踪影。他在诠释什么是管理：就是让别人去做自己想做的事情。哪要什么事都亲力亲为?

众人皆忙唯我闲，不好意思再干坐下去，于是去菜园拔葱割蒜，权且是个劳动者了。客人一批批抵达，乘小汽车，骑摩托车、自行车的都有，也有翻山越岭步行来的。三教九流，各类人士，为了一个共同的目标，聚到了一起。宅里院外，认识不认识的人自发地形成不同的聊天组合。在浓烈肉香漾荡的氛围里，寒暄、握手、拍肩膀、交换名片；谈高考中考、朝鲜半岛局势、钓鱼钓到只老鳖、黄金价格暴跌、某女已离婚……老N出现了，引经据典，高谈阔论，自然而然成为中心。当几位女子端托盘款款由厨房而来时，众人迅速各就其位坐定，杀猪饭开吃在即。

桌上除了供大家散吃的带壳花生外，通常有的碟碟盘盘的凉菜了无踪影，这符合乡村杀猪饭的一般套路，上来就直奔主题，不搞那些客客套套。

第一道菜是红烧猪肠，典型的徽州做法，红彤彤、油光光，上午八点就开始烧了，三个多小时的火功，完美地进入了酽烂入味，肥而不腻的境界。我估计部分“三高”或“疑似三高”者要回避之的，没想到它一上桌，就成了箸争筷抢的对象，即将告罄；两头猪的肠有多少，得分成十六份，怪不得只能浅浅一碗。我担心这种零打碎敲的上菜方式会让老N为首的主事者陷入尴尬。众人意气风发，胃口大开，势如扫货。菜得“捆绑集束”端将上来方能成席啊！后堂有人所见与我略同，控制住了节奏与频率，两至三个菜同时推出。当家的红烧肉一出现，绝对的傲视群雄，高潮已然。块头大，分量足，不折不扣地受用一块，其他菜只能浅尝辄止。

举起筷子吃肉，端着杯子喝酒，一桌桌热闹起来，杀猪饭渐入佳境。我不胜酒力，亦不敢太痴迷肥醇之物，便去厨房讨些腌豆角辣椒之类吃。厨房零乱却不混乱，忙碌却还井然。以大厨为中心，洗切烧端自成一条流水作业线。大厨红光满面，挥铲扬勺，很有范。看得出，他苦恼的是场地太局促，如同名角缺一个大舞台。老N家有两个厨房，小的是家庭式的，几口人吃喝；这个是大的，运作两三桌饭菜耳，如此的大文章，焉能做得风生水起，得心应手？最大的问题还是火候的掌握，这不，猪肝已入锅，须猛火爆；可柴灶膛里的火偏偏如传统的徽州人，一味的收敛沉稳。大厨急，下面烧火的妇人更急。我庆幸昨夜自己的明智，同时对妇人由衷生出敬意，担当如此责任，烟熏火燎几小时，真正的无名英雄哦。这时，进来两个催菜的，我不以为然，冷眼相对，感叹道：真是前方紧吃，后方吃紧啊！

杀猪饭，应是吾土吾国传统年文化的重要组成部分。据说，云南某地过年杀猪饭曾摆下八百桌，那该是一个何等壮观的场面。老N这时令也摆，颇有点“反季节”的味道。民以食为天，普世认同；吃饱喝足，永远是硬道理。比利时的勃鲁盖尔那幅《农民的婚礼》的画，也可认为是外国的杀猪饭。画面表现的是一个农民婚礼聚餐的热闹场面：大大的场地、高高的草垛，一大帮人围着桌子吃呀喝呀，一溜人在上酒、上菜、上饭；地上坐着戴着大人帽子，拿着大盘子，恋恋不舍在舔食的孩子；为婚宴吹奏的两个人挺可怜的，眼睁睁地看着众人大快朵颐，其中一个似乎已经忘了自己的角色，目不转睛地注视着端来端去的盘子，眼睛里流露出饥饿、渴望而又无可奈何的神态……杀猪饭在困难的年代里，有时仅一钵红烧肥肉，尚要加进咸菜豆腐。北风那个吹，不一会就结起了一层白花花的油脂。我们照样吃得眉开眼笑，欢欢喜喜，幸福指数急剧上升。乡村的狗们不约而同，在桌下腿间穿行。它们一般都劳而无获，很沮丧，因为我们没有骨头可吐。当下杀猪饭的品质，与往昔是不能同日而语的，色香味都上去了，多少缺失些的，是那份粗犷与

吃杀猪饭

豪放。当下我们为什么对杀猪饭都闻风而动，趋之若鹜，追根溯源在于我们需要一种放松与释怀，回归自然与自我，快意酒肉，忘乎所以。

我坐的这桌，四男四女，不是很熟稔，吃喝得也就矜持。邻桌有人过来和我要“走一个”，我只能扬扬手中的茶杯。此时不善饮，很容易被边缘化，口表也显硬涩。那些喝高的，自然是壮怀激烈，妙语连连。想当年，鄙人在酒桌上，也是“金戈铁马，气吞万里如虎”，如今颓化得只有看的份了。大厨出来了，众人轮流向他敬酒，呈众星捧月状。菜烧得的确不错，功成名就。听说晚上还有六桌，我暗暗地说：兄弟，悠着点。

猪 大 肠

位于下半身，且又与秽物为伍，在猪下水之系列里，猪大肠几乎是要忝居末位的。我在读小学二年级时，因为在课堂上没有当场造出“不但……而且……”的句子，被老师讽为“猪大肠”。他无视我已眼泪汪汪了，还恶狠狠地补了句：拎起来一大挂，放下去一大摊。对此侮辱，我至今不能释怀，也让我在相当长的时间里对猪大肠心存杯葛，避而远之。

十年后，是《儒林外史》第三回改变了我的心态。那杀猪的胡屠户来看他女婿范进一家人，“手里拿着一副大肠和一瓶酒”。说归说，骂归骂，那猪大肠是红烧还是煸炒亦无从考证。这顿饭一家人吃到日西时分，“胡屠户吃的醺醺的”，“横披了衣服，腆着肚子去了”。如此看来，它的味道还是很受用的。我也有点明白了：老家那位姓张的杀猪匠，为什么总把猪大肠充作“屠资”，据为己有。他把猪大卸八块后，二话不说，拎着肠子走人。步态，像个凯旋的将军；神态，则如同讨了大便宜的商贩。那时小镇的街头还有个卤菜摊，卤猪大肠亦有一格之地。问津者，大多是出体力活的劳动者。忙活了一天，“AA”制地每人几角钱，专挑肥硕的肠头要。摊主刀功娴熟，大肠一圈圈地从刀下滚出，外表酱酽酽的，里面却是脂白诱人。用绿绿的新鲜荷叶一包，就在摊子边用手撮着吃。也有的买两个热烧饼，几圈大肠往中间一夹，张口一咬，满嘴是油，一顿晚饭就这样打发了。

票证时代的猪肉弥足珍贵，数月能弄副猪大肠打打牙祭也属不易。一旦进门，它的洗涤便是一件大事，得用面粉、盐、醋裹在一起反复搓揉，那异味去掉是很费时的。我的任务是进行最后的漂洗，我自有妙法对付这也蛮艰巨的活。那时新安江的水既清澈，又湍急。到埠头拾级而下，把猪大肠往水中一甩，用块大鹅卵石把头压住便可。它旋即展开了身段，有一丈多长，与绿绿、柔软的水草一起顺水摆动，有点婀娜多姿。一拨拨半寸长的花斑鱼急急地游弋过来，围绕着这“浪里白条”上下忙乎。无所事事的我显得神闲气定，于是就看着顺流而下的一溜溜竹排。排工戴着斗笠，穿着蓑衣，手里横着竹篙，很神气地立在排头。桃花春水，排走得挺快，直到变成小黑点消失在远远的山水汇合处，我才拎起白花花的大肠回家。

猪大肠

猪大肠有诸多烧法，窃以为红烧最好，家常、简单、好吃。切成一寸长短，先入锅用热油滚滚身子；除盐与酱油外，葱、姜、蒜、桂皮、茴香也是不可少的。不怕辣的，不妨撒几颗干红辣椒下去。先急火，后文火，至少要有一小时的工夫，微烂最好。它其实最充分体现了徽菜重油、重色、重味的特色，却又总不能进入“正册”，像个若即若离的远房亲戚。此菜很“兼收并容”，配料有多种，我的看法是腌雪里蕻是最佳搭档，当然，须是刚出缸的，黄里泛青，脆脆的那一种。还有一种吃法也颇脍炙人口，即把卤好的猪大肠与刚上市的尖椒一起煸炒。需要提醒的是，大肠定要切得细细的。

这些年来，猪大肠日渐式微。改革开放以后，我们知道了洋人是不吃猪下水的，他们长得人高马大，靠的是牛羊肉、黄油面包，自然还有鹅肝、鱼肝油什么的。国人要益寿延年，岂能让“大肠穿肠过，三高身上留”呢？高档饭店里，难觅它的踪影；即便有，也制作得过于精致与婉约，却失了那一份恣意与豪放。毕竟猪大肠在民间拥有广泛深厚的群众基础，众多中小餐馆酒肆还是乐于让其闪亮登场，爆、烧、卤、炒……各种做法令人目不暇接。前不久，与朋友在一所星级店聚会。酒过数巡，上了一个热气袅袅的煲，里面是猪大肠、猪血与包菜的“一锅烩”。三个极普通菜肴的组合，居然使我们连吃了两份还叫停不住，冷落了那一桌的其他美味。毋庸置疑，猪大肠发挥了核心作用，它自身的酥烂入味与油光闪亮，绝对提升了这道菜的境界与价值。

粉 蒸 肉

柴灶上踞着一口铁锅，里面蒸着粉蒸肉，火舌欢快地舔着锅底，热气混合着香味，从锅盖的隙缝处喷薄而出，缭绕于屋梁窗棂。很久未近荤油，且又饥肠辘辘，能吃上几块粉蒸肉，乃童年时代莫大的幸福。每每言及此事，下一辈人很不理解：这不要导致“三高”吗？

袁枚在《随园食单》里，把粉蒸肉归于江西菜，大概太家常了，寥寥数语带过。可在缺油少肉的日子里，它却是黎民百姓餐桌上的一道大荤菜，一年难得有几回的。那时猪肉是凭票供应的，每月每人半斤，须派诸多用场，你能大快朵颐吗？十二三岁时，我常常在冬天的下半夜被打发去买肉。一听说是做粉蒸肉的，便抖擞着从热被窝里爬出。倒不完全是馋使然，不顶着天上的星月去排队，轮到你案板上恐怕只剩一个猪头了，你要还是不要？当我拖着鼻涕，拎着一刀五花肉往回走时，初升的太阳才把新安江上薄薄的雾霭驱散。运气还不错，斫肉的七斤手下留情，倘若他刀往下拉一拉，连着乳头的那块皮就全归我了，至少有二两吧。余下的事情就是看大人如何将其切成大小一般的块状，置钵子里用酱油浸泡一个时辰。时间不能长，入味即可。太久便咸了，那是要影响口感的。

粉蒸肉

米粉也是挺讲究的，绝非今天超市里买来的袋装那种，一切皆手工打制。先选上好的米炒得微黄，然后去腌菜房里那个石磨上磨成米粉。里面立着十来口大缸，比我们人高，我们常常绕着“躲猫猫”。缸中终年腌着萝卜白菜，供几百个学生细水长流地吃着。磨是青石的，搁在旮旯里，单看那凹进去深深一圈的木手柄，就晓得它大概是我们爷爷辈的。可里面的磨道纹理依然相当深刻清晰，可见石之质品。当然，用者的细致呵护亦很重要，粮食以外的坚硬物万不可入，此乃公共器物，岂能为一己之私利而损之？几十年来，约定俗成，莫非是过去祠堂里的村规民约之遗风余泽？我不喜欢推磨，太枯燥乏味，每每容易走神，想些八竿子打不到边的事情；往磨眼里添米，多少快慢没准。从大人的斥责里也明白了这添米关乎磨出来粉的粗细。太粗，如同碎米；太细，则成粉末状了，都不是粉蒸肉所需的最佳状态。恰到好处凭的一是经验，二是认真，可谓细节决定成败。

五花肉与粗米粉均匀地混拌在一起，加少许盐、黄酒、生姜末，也可放一点茴香提味。一般蒸一蓝花碗打牙祭即可。要想吃过瘾，则要动用小蒸笼了，青青的竹篾编的，下面垫几张绿绿的箬叶。先大火，后文火蒸一个来小时，在众人的殷殷期盼中端将上桌。最后一道工序是撒上切得细细的蒜叶与黑胡椒粉。这等粉蒸肉吃在嘴里的感觉是肥软热香，遥远悠长，勾得你欲罢不能，一至二再三，同时亦能让人深切地体会到为什么五花肉是首选之料。它白肥红瘦，肥瘦相间，紧密相依，却又层次分明。瘦肉嫩香爽口，肥肉蒸久则化，油渗透进米粉中，酥化一大片呵！米粉原本就香，如此一浸润，更是好吃得一塌糊涂。这样的美事往往几个月难遇一次，接下来便是漫漫的萝卜青菜的日子。所以每次告罄时，心底的惆怅升涌上来，虚空得无以言表。

野鸡

幼时，家境尚可，一年里总要吃回把野味。父亲好这一口，我们也满心欢喜地跟着沾光。老人家又是很讲究的，四只腿在地上跑的决然不吃，诸如野兔、野猪、獐子——嫌土腥味太重。野鸡是首选，飞禽是地道的活肉呵！

那时吃野鸡便当，揣着钱去镇上的小菜场买就是了。徽州自古山高林密，野鸡供给相当充足；人们也不像当下这么穷凶极恶，暴殄天物。有时山里的猎户在菜场的一角搞“直销”，他的形象至今栩栩如生：面容黝黑、身材短悍，对襟褂子，皂色带子束腰，斗笠斜背，脚穿草鞋，粗布织的山袜几近膝盖，手握一杆长铳，铳头上挂着七八只野鸡。他的周围，围拢着一大批“粉丝”。当然，主要是我们这些拖着鼻涕的孩子。我们怀着崇敬的心情，关注着他的每一个动作，诸如他拔出一节竹筒上的木塞子，仰起脖子，咚咚地喝下两三口山泉水，抹一下嘴唇。我们怪讨厌那些个买野鸡的主，一窝蜂地来了，一番挑挑拣拣讨价还价，一只只肥硕的野鸡就扔进了菜篮子；不到半个时辰，铳头上的家伙就告罄了，猎户心满意足地点着钞票，然后拐进小酒肆吃喝，我们只好作鸟兽散。

我家买来野鸡一般要风干几天的。开膛掏尽内脏，微微地抹上点盐，就挂在四周悬空的梁上。梁叫冬瓜梁，百年老树造就；挂钩是镂花的，当年祖宗用来挂喜庆灯笼，如今悬着这么一道野味，是俗窘了些，也说不上什么家道沦落。在那年那月，能吃上野鸡，怎么说也是个“中产阶层”。天气若冷，风个十天半月是不会变质的。父亲说，内里的血水收干了，其味更加鲜美。那些天里，我时常在梁下转悠，盘算着何时才有口腹之美。一只猫来了，心怀叵测地潜伏在阴暗的一角；一条狗也在下面盘起了腿，仰起头来，可望而不可即，呈无可奈何状。

野　鸡

烹饪是艺术，一个菜自然有一百种做法。野鸡属高蛋白低脂肪，父亲认为清炖是万万不可的，还是要按徽菜的套路来做，重色重油重味，以红烧为宜。配料主要是鲜笋和猪五花肉。笋须未拱出地面的冬笋，壳呈鹅黄色最好；猪则是农家自己养的土猪，肉质细腻鲜美。鸡、笋与肉均切成一寸大小丁状，待锅中油烧成滚热，一并倒入快炒。五分钟后加诸作料：姜、蒜、黄酒、盐、酱油……若有陈年火腿，可切三五片下去调引味道。野味与山珍组合搭配，相得益彰；而五花肉多肥醇，可化解笋之涩，鸡肉亦变得润软。大火然后文火半个时辰，便可起锅了。全家人大快朵颐一顿，甚是解馋；留下一蓝花碗，父亲一人要慢慢享用的，我们岂敢再问津？至今我还执着地认为：这道许氏私房菜的色香味，绝对在当下诸多招牌徽菜之上。

那时吃野鸡终究是件比较奢侈的事情，享受了一回，至少十天半月见不到一点肉荤，嘴里生生地淡出鸟来。也有好事从天而降的。父亲是老中医，他的一位病人是驻军领导，司令部在大山里，常来我家问诊看病。一次，他提着一只活野鸡进了我家门——那是一只有着五彩羽毛的雄雉，被打伤了翅膀。身后的警卫员背着一支小口径步枪。他说打只野鸡给父亲做下酒菜。父亲连连摆手，表明自己从来不喝酒。所幸的是他没说不吃肉，把我急出了一身汗。人走鸡留，我却动了恻隐之心，实在不忍这美丽的生灵，肉是肉、骨是骨地成了盘中菜。我提出要养起来，像那些家鸡一样。众人笑我真是个傻孩子。不到半天，它就一命呜呼了。当然，也是如法炮制，做成了佳肴。

现在山里没了猎户，铳之类的家伙恐怕早成了废铁或烧火棍；在菜场上，绝少见到叫卖野鸡的。酒店里这道菜倒是有的，黑乎乎的一盘端上来，吃了半天不说还不知道。人工驯化出来的，骨子里就缺失了原汁原味。我的一个朋友大清早在山路上开车，“嘭”的一声，一只大鸟撞到挡风玻璃上，下车一看，竟是一只野鸡昏死过去。白捡了个大便宜，晚上几人美美地撮了一顿，最后剩下的汤还做了一钵面，吃得干干净净。我闻之，很向往，也想遇上这等好事。可笑程度，绝对超过寓言里那个守株待兔者。

红烧老鹅

又到了吃晚饭的时候。家中没好菜，嘴里淡出味。抓起电话就打，老婆在那边不约而同：吃红烧老鹅去。

我们是回头客，十来分钟就熟门熟路地到了。店坐落在城西南一条僻静的马路边。门面其貌不扬，唯有门口挑起的一个红灯笼，显示着一种别致的招摇。食客熙攘，一长溜的车子靠在路边，看来是有点“山不在高，有仙则名”。一进门，充任迎宾的是一只体态丰满的老鹅。见到客人来了，居然会优雅地耷拉一下翅膀，弯弯腿，貌似一个“屈膝礼”。想想若干时辰后它就会被牵到后堂宰杀，变成一大盘香喷喷的佳肴供人们享用，顿生出一份凄凉。这种于心不忍好在是刹那间的闪念，于我旺盛的食欲无甚影响。

店堂的布置朴素、陋实，方桌条凳、粗瓷盘碗。我们是一盘老鹅，两杯清茶，占了一张桌子，委实不好意思。周围哪一桌不是十碗八碟，杯盏交替。得点一个陪衬的菜，好歹去掉点寒酸。于是，先后成为红烧老鹅伴侣的有大白菜粉丝、青菜豆腐和烧茄子。几次吃下来，还是青菜豆腐与之一淡一咸，一清一浓，相得益彰。合肥这地方嗜鹅，或炖，如老鹅汤；或卤，如“吴山供鹅”。红烧的也吃过几家，一而再、再而三地光顾也唯有此了。这里的红烧老鹅特点有三：酥而不烂，辣而不烈，油而不腻。一切都处置得恰到好处。较之鸡鸭，鹅的肉质粗，来不得“杨柳岸，晓风残月”的细做，非得豪放不可。大块切之，大火烧之，大料佐之，大盘盛之，然后是大快朵颐，大呼过瘾。

红烧老鹅

几回吃下来，我还颇有点心得体会了。窃以为这道菜最好吃的有三处：鹅颈、鹅爪、鹅翅。颈部比鸡鸭厚实，况且又是活肉，最为鲜美还有嚼头；爪烧得近乎酥烂，浓汤浸润，连骨带皮可以一起吃下去；翅膀要的是接近鹅身的那一段，细而不韧，烧得有点去骨却不溃离。完完整整地夹出来，可在舌齿间逗留三两分钟，使味蕾得到充分的、快意的满足。

红烧老鹅看似一道粗菜，但面相还是不错的。酱红色的鹅肉之间，错落着青葱的蒜节与红艳的辣椒，足以担当“土菜”之称，颇有田园风光。吃完了，盘里晃漾着一汪油水，服务员会端来一碗热腾腾的锅巴，它可是大柴灶焖饭的结晶，很香的。把它掰成一块块的，蘸着油汤，慢条斯理地下咽。末了，喝口热茶，揩揩嘴。旁边已有人候着，神情呈不耐烦状。赶紧买单，走人吧。

吃在湖边

时已中午，车行巢湖边。一听说午饭在农家吃，大家的心情一下子轻松与快活起来。

说是农家，确切说是渔家。三层小楼面湖而立，真是“窗含巢湖万顷水，门泊自家打鱼船”，自有一番风情。进门一看，便知是当地的小康人家。其实，义城沿湖家家户户都挺殷实，一天下湖两三次，便有一百来块钱的收入。一年刨去五六个月的休渔期，日子过得还是挺滋润的。门厅里，摆上了两张方桌，八条长凳，主客十几个人一一坐定。大杯倒酒，大盘上菜，酒喝起来依旧是一套老路数，有人豪放，有人内敛；有人张扬，有人矜持。反正几轮下来都成了兄弟姐妹。好在义城人不勉强我们，倒是一个劲地劝我们多吃菜。都是些普普通通的家常菜，无非是鸡鸭鱼肉、青菜萝卜、茭白木耳之类，厨艺也一般。可摆在农家的桌子上，吃起来，滋味就是不一样。原因是再明白不过的：地里自家种的菜，圈里自家养的猪，窝里自家鸡生的蛋；主妇亲手灌制的香肠，主人下湖打来的鱼虾。这些通常叫“土菜”，时髦的称谓是“生态食品”。鱼是不刮鳞的，虾是不剪须脚的，生猛得很。诙谐的说法为“不修边幅”，其味自然是鲜美无比，不再赘述。湖边人家的传统做法是鱼虾打上来，就放在白水里煮，不放任何作料，原汁原味，主人怕我们嫌腥才作罢。更有野趣的做法是在湖里的船上，把刚打上来的鱼就着湖水烧了吃。这倒不妨作为一个旅游休闲的项目来开发。

酒喝微醺，菜吃颇饱时，你可以捧一杯热气袅袅的茶，离座到门外溜溜。此刻，秋阳在一望无际的湖面上洒下了万千碎金，远处几个飘然不定的渺渺黑点，想必是打鱼未归的渔船。一位老乡穿着防水裤，拎着渔网下湖了。只见他在浅水里呼啦了几个来回，不到半个小时，便拉到了三四斤小毛鱼。上岸后，主妇忙着从网上下鱼，他往门前一坐，点起一根烟，等着上一大盘干辣椒烧鱼，喝几盅老酒了。就这样慢慢地抿着，受用着，直到又圆又红的夕阳落入湖中。

尽管没有隐隐的白帆、怒放的芦花、南归的雁群，但爽爽的秋风拂过，也能把浓浓的酒气化作醺醺的诗情。真想躺在小小的渔盆里，仰望蓝天上悠悠闲闲的几朵白云，在湖面上漂呀漂，荡呀荡。突然想起了某位高人之语：吃饭是身体的“读书”。妙哉，吃的境界不仅仅在于酒之美、肴之佳，能领略到某种心向往之的生活方式，体味到一点与大自然的沟通，不也很快乐吗？

冷水鱼，热火箱

时抵年关，我与好友红兴相约，去休（宁）婺（源）交界的“吴楚分源”玩。车过渭桥，大山愈发显得崇峻起来。徽州就是徽州，你很难想象这里的冬天如史铁生所喻的，是“干净的土地上的一只孤零零的烟斗”。疏树衰草，寒山冷岚，粉墙黛瓦。新安画派的诸多大师，喜用枯笔淡墨大写意，灵感是否盖源于此？

一条黝亮的柏油路飘落在大山深处，我们不由得念起了汪松亮先生的好，他造福桑梓的善举，让我等也很受用。车沿沂源河溯流而上，过梓坞、樟前、直抵徐源村，一脉大山逶迤横陈，“巍峨俯吴中，盘结亘吴尾”的浙岭便是了。仰望盘山路上，残雪浮冰堆得如碎琼乱玉，是断然上去不得的。徽饶古驿道在一侧蜿蜒曲折，石板残破，衰草瑟瑟，不远处亭屋翼然，古风悠悠；拾级而上，须走七里，方能一睹在岭脊上的“吴楚分源”碑——据说春秋时吴楚两国就在此分疆的。我脚力不行，何况登顶一览万木萧肃，孰不待到山花浪漫或层林尽染时来更好？红兴提议去周边几个村庄溜达，感受感受年俗。

村子都不大，临水筑屋，明显的休婺过渡区域的特征。尽管我是正宗的休宁土著，却也不大听得懂他们的当地话。始见一妇人在家门口洗猪头，十指被冷水浸得如细长的红萝卜；又见一男人在不远处杀鸡，摆弄得一地鸡毛；再见邻家抹桌擦窗，厨房里且有肉香飘出。春联要到年三十才贴，到时家家红光满门，福字高挂，年味就愈浓了；再把祖传的蜡烛台拿出来，擦得铮亮，点上红烛，慎终追远。我发现很多人家屋前房后都砌有水池，且与山溪相通，源头活水；池中有草鱼或鲤鱼大抵十余尾，慢吞吞地游弋摆动。红兴说此乃大名鼎鼎的冷水鱼，生长缓慢，肉质鲜美，一斤要卖三四十元的。我真孤陋寡闻得可以！既如此，何不捞它一条带回，权且做年夜饭的一道压轴菜。主人告诉我，冷水鱼一年长一斤左右，他家一条三十斤的，已养了近三十年矣。据说，历史上还曾有过五十斤的，算起来，“贵庚”与我相差无几；要吃它，真要“一生等一回”了。我买了最小的一条，也差不多有五斤。自语：哥不相信传说，图的是新鲜！

冷水鱼

在村子里转悠，发现与我一样游手好闲者大有人在。一类是回乡过年的打工族，大多聚在一起打扑克推牌九；另一类似为公职人员，立在自家的门口，笼着手，像在等里面开饭的那声吆喝。更多的则是坐在火箱里，喝茶聊天发呆。山高地冷，此物在这里家家必备，可坐两人，大的亦可坐四人，中间有搁板相间，抽放自如，可置烟茶、鲜干食品。我见一火箱无人入座，遂揭开盖板，一股米粿烤香迎面扑鼻——它们呈有序圆形排列于暗红色的炭火之上。若其中央再踞一大砂锅，内炖老母鸡冬笋或腌笃鲜，那真是功德圆满了。主人邀我吃烤米粿，正忸怩着，屋里跑出女孩叫红兴“汪老师”。既是红兴的“桃李”家，我就甭客气了，吃着香热烫嘴的米粿，想的却是火箱的诸多好处。晚来天欲雪，能入火箱乎？当然是可以可以、愿意愿意。二人入座，两杯清茶，天南海北，信马由缰；若嫌清淡，则一碟花生米，一碟猪头肉，用家传的锡壶再烫壶黄酒。想聊多久都行，无非是多加几块炭而已。人多了，也不妨斗斗地主、炒炒地皮。你若喜欢舞文弄墨，可携部笔记本电脑进山来，就坐在火箱上干活，一个冬天绝对能敲一部长篇小说出来，文字肯定温暖圆通。当然，你得耐得住寂寞，火箱边可没有宽带什么，世上的事不会十全十美的。

回家后，连襟闻之，急急赶来宰杀冷水鱼，做成一大钵酸菜鱼片，全家人大快朵颐，齐声喝彩，哪能等到除夕夜。其鲜美，让今年春节所吃菜肴基本索然无味。

翘　嘴　白

在当下老百姓的餐桌上，翘嘴白可算是淡水鱼中的上品，它又叫白鱼、白丝。双休日有闲暇，去小菜场拎一条回来，或清蒸，或红烧。正是北风乍起的时节，烫一壶绍兴老酒，细细地剔刺去骨，慢吃浅酌，一个时辰下来，已是满脸酡红。这时的我会变得很和气，笑眯眯的，娓娓地道出一些有关翘嘴白的事情。

它过去好像没有什么显贵的地位。依稀地记得小时候以吃鳜鱼为尊，以吃草鱼为荣；大众化的就是鲢鱼、鲫鱼之类，隔三岔五地也让我们打打牙祭。于我而言，至今还心存一份美好的是来自大海的黄鱼——有骨少刺，况且也便宜，一烧起来就是满满的一大盘。它现在几成绝响，饭店里即使有，大多也是赝品，至少不是舟山一带的。每每在媒体看到这一海域捕捞量锐减，心头便隐隐作痛，大黄鱼，远去兮。翘嘴白也吃的，但它刺多且细，有一次卡在食道口，又是咽饭团，又是喝老醋，闹到几乎上医院。长大了，我才知道吃鱼是个细活，得要悠着点。我有一个老师，一条半斤重的鱼可吃一小时。由尾及身到头，可吃的全部入肚，最后留下的是一具完完整整、白花花的鱼骨架子。边上一只猫先是望眼欲穿，然后就上蹿下跳、抓头挠耳个不停，已等得很不耐烦了。

我与翘嘴白的友好亲近是在20世纪的90年代，那时经常去皖西的几个水库。主人好客盛情，每每把翘嘴白作为一道大菜推出。那鱼足有两尺长，拦腰断之，置于青花瓷盘里清蒸，一桌酒席它是压轴的。一上来，主人先兴奋了，直说：水库里刚打上来的。然后举箸划个大弧，便是请吃。我下筷了，并一而再、再而三地吃。至此，我才充分体验到它的鲜、嫩、细、美。鱼刺还是有的，它似乎是在控制我的速度，提醒要慢慢品尝。散席后我悄悄地踱进后堂，请教一下今日之翘嘴白何以这么鲜美？大厨告诉我有三：须长在水库或湖里；捞上就吃，一定要新鲜；烧前用盐暴腌之，骨肉分离，烧后夹起便呈块鳞状。他说得有板有眼，我亦频频点头称是。在以后的若干岁月里，却再没有了在水库边的口福。这道菜也经常吃到，总缺失鲜美。我不能“怀

翘嘴白

疑一切”地认为它们都是“李鬼”，但从冰箱里取出确是不争的事实。饭店大堂里众多的鱼鲜活地养着，你能见到翘嘴白游弋的身影吗？据说它上岸既死，大概是不想苟活着，反正都是盘中的菜。

两年前枫叶正红的时候，我们一行人去徽州踏秋。车行太平湖边已是中午。老渡口边，一字排开的小饭店皆以鱼为招牌菜。有一家在门头很古风地挑出一个幌子，我们见了喜欢，就进去坐定了。运气的是，厨房一角的竹篮里，有两条一尺多长的翘嘴白，浑身湿漉漉的，还缠着几根水草。许春樵自告奋勇地要当一回烧鱼的大厨，我们当然乐见其成了。他的小说《放下武器》写得蛮好，这次拿起锅勺，手段不知如何？他忙乎着，我等就闲着出去看风景了。已是深秋，草木凋零，唯有枫树与乌桕如一团团火焰在山峦燃烧。金黄的银杏点缀其间，斑斓得让人心醉。太平湖渺渺，“秋水共长天一色”，纵然没有孤鹜与落霞，也是诗意盎然。来不及细细品味，那边许氏红烧鱼已热烈登场了。他的做法是滚油先煎之，然后放进各种大料猛烧；味进后，盛进铁锅置于炭炉上，边烧边吃，其味越浓。红彤彤的辣椒让我想起了美国人马克·米勒写的一本书——《辣椒：点燃味觉的神奇果》。辣是味道的巅峰，此言甚是也。唯有辣的牵引，翘嘴白的鲜美才能表达得淋漓尽致。我们吃得快活，满头冒汗，谈兴亦浓，什么文学、人生都上来了。许春樵也收获了一堆相当实在又有些空洞的恭维话。临上车前，免不了与老板拱手告别。他发名片给我。名片做得很粗糙，地址、店名、电话一应俱全。背面还有一行字：何日君再来。

腌 豆 角

那天晚上，在谭家桥附近的一个乡下酒店喝酒。菜好，人也好，就喝大了些。回屋和衣而眠，半夜醒来，依稀地记得曾在空寂无人的乡道上癫疯了一会，又掏钱在茶舍里请人吃瓜子、喝咖啡，然后胃就有点不舒服了，于是就开始想念白花花的稀粥与黄灿灿的腌豆角，尽管可望不可求，对我而言，却能解酒于似醉非醒的状态。就这样恍惚到天蒙蒙亮，一只翠鸟在窗外的枝头上鸣叫。

楼下的餐厅七点开门，我准时进。大家都在睡懒觉，偌大的空间里，独有我一人受用那相当丰盛的早点。热腾腾的白米稀粥边际效用最大，我呼呼地连喝了三碗。佐粥的是一大碟腌豆角，皆一寸左右，黄里泛青，红辣椒片与白生姜片间杂其中，秀色诱人。豆角腌得恰到好处，咬嚼起来咸津津、脆生生的，与热稠清淡的粥在嘴里搅和，然后快速下行，抚慰那个被折腾了小半宿的胃。微汗酥酥，酒意全消，通体酣畅，感觉绝对超过头晚的一桌佳肴、海喝神聊。粥喝好了，餐厅里还是悄无人声。我有点宁静致远，童年时在家里种豆角、腌豆角的往事，好像并未如烟。那时厨房前有个院子，两棵乌桕树之间，不大的空地上，种了些丝瓜、南瓜，也有豆角、扁豆之类。光照差，又不准施肥，自然都是一副营养不良、萎靡不振的样子。有一天我夜半醒来，蹑手蹑脚地溜进院子，对着它们猛烈进行了一番人工施肥。时为春月如盘，星垂平野，清辉泻地。邻家的那只白脚猫从对面长着瓦楞草的屋脊上悄悄走过，目睹了这一幕，“喵喵”了两声。

腌豆角

往后的日子就是豆角疯长，其他依旧。我用几根细竹竿搭起了架子，看着豆角秧子朝气蓬勃地一路攀升，开出小小的白花、紫花，抽出细细的淡绿色豆角芽子，然后越见粗长，在轻柔的夏风中微微地晃摆。家长说，此时的豆角无论是腌还是炒了吃，味道都很好。于是摘了一把下来，掐去豆角两头，洗干净并晾干，切成拇指长短的一段段；加进切成段或细条状的新鲜红辣椒与碎生姜、大蒜，放进一个黑乎乎的陶罐里。老人告诉我：这罐子腌豆角有四十年了，不放盐里面也是咸的。说归说，适量的盐还是要放的，上上下下多揉几下，让盐均匀地散布在豆角上。几块扁扁的鹅卵石压在最上面，一定要压实；最后浇上冷开水，浇满盖住为止。最后这一点我至今还牢牢记住：必须冷开水。否则，前功尽弃，好端端的豆角会被腌得烂掉、发臭，只好倒掉。

豆角腌得微微发黄就可食用了。一是生吃，捞出来洗洗切段，淋上数滴麻油便可；二是放点菜油爆炒，时间一定不能长。无论何种吃法，它终究是道佐餐的小菜一碟，不登大雅之堂。过去的日子腌豆角吃得太多，确是生活窘迫所致，绝非是对其厚爱有加。每每捧起一碗粥，见到面前的腌豆角直皱眉头，牙根处泛起了酸。想到的是烧饼油条，花生米、肉松则更是遥远的奢望。如今聚餐频频，饭局不断，酒酣菜饱时，总有人大呼：上小菜、上小菜！一盘腌豆角旋即而至，箸夹筷拨，很快告罄。其品相、其质地，与当年不可同日而语，有的已色泽暗黄，入口咸得发苦。看着人人的欢实像，不禁感慨起来：莫非这也是一种回归？

苞芦粿

苞芦，玉米也；粿，饼也。此乃徽州的叫法。

徽州多山，“八山一水一分田”。要填饱肚子，光靠稻米是不够的。山坡、地边，一个凼，一撮草木灰，一粒种子，不需要太多的水分和养料，玉米就破土、抽芽、拔节，蓬蓬勃勃地长起来了。只是砍掉了满山的树，混过了今天，造孽了子孙。徽人节俭，传说有个徽商，客居苏州，自制盐豆一瓶，每顿饭数着吃，决不超过九粒。如此，苞芦馃便与徽州人结下了源远流长的缘分。它的制作很简单：把玉米碾成粉状，水和之，里面填放腌白菜、豆角之类，拍成饼状。然后贴在铁锅里干烙。饼的两面成焦黄便可。苞芦馃最大的特点是耐放、耐饥。想当年，一帮帮操着方言的徽州人，“短褐至骭，芒鞋跣足”，一步一个脚印地沿着徽杭古道，艰难地走出万山包围着的故土。他们身上的包裹里，除了少许碎银子，几件换洗衣服，便是成沓的苞芦馃了。渴了，饿了，就着山间的溪水，啃几口饼子，然后踩着高低不平的青石板路，默默地走向远方。正是这些吃苞芦馃的“徽骆驼”们，打拼出了一个称雄数百年的商业帝国，创造了“无徽不成镇”的奇迹。然后把大把大把的银子，化为故乡青山绿水间的牌坊祠堂、古居楼阁。一旦隐退回来，便过起了“绿野丰泉后，山中宰相居。园自随流水，家仍守赐书”的生活。而那些认天知命的乡里，则还在瘦瘠的土地上日出而作，日落而息。岁月似水流年，波澜不惊。他们自有自己的人生哲学：手捧苞芦馃，脚下一盆火，除了皇帝就是我。可不想知道山那边的世界是精彩，还是无奈。倒也无忧无虑，平平安安地过了一辈子。

苞芦馃

徽州素有“东南邹鲁”之称，“十户之称，不废诵读”。文风徐徐，延绵代代。历史上，“连科三殿撰，十里四翰林”一类的佳话迭出。新中国成立后，徽州的高考升学率，在全省一直是靠前的。一拨拨乡村的孩子，在乡里、县里读书，每月家里能给予他们的，是几张皱巴巴的角票，一瓶红辣椒酱，还有一摞子苞芦馃。他们少油的胃肠，吞咽着粗粝的饼子，心里却放飞着美好的理想：去城市，上大学，开始一种新的生活。一代代的“高加林”们，就是这样离开了故园，改变了自己的命运。这些都是几十年前的事情了，现今求学的农家子弟，尽管告别了吃苞芦馃的日子，可苦还是苦，也就越加发奋。他们对自己命运的唯一选择，还是和以前一样没有改变——读书。与此相比，城里那些娇生惯养的同龄人绝对是望尘莫及的。看到他们孜孜不倦地学习，总让人想起一句耳熟能详的戏文：有这碗酒垫底，什么样的酒都能对付。

徽州城里人对苞芦馃的态度挺有意思。认为用此来填饱肚子，总是等而下之的事情，因而常把乡村人讥为“吃苞芦馃”的，并推而广之地用到固执、憨实、认死理的同类身上，“犟哥”一词由此而来。歙县南乡一带，有此绰号的人颇多。一旦“吃苞芦馃”的进了城并小有成就了，他们又多少敬畏而服帖起来，以为是“吃得苦中苦，做得人上人”。其实，当年城里人的生活远非“小康”，苞芦馃在饭桌上也时不时地出现。家境较殷实的，则吃得比较讲究：一把绿豆，几把米，熬一锅稀稠适度的粥，佐以豆干炒辣椒，凉拌笋丝之类的小菜。然后用新鲜的玉米粉做几个苞芦馃，馅是新出坛的腌雪里蕻，青中带黄，切得细细的，羼进几块腌猪油。在铁锅上烙得油化了，微微地渗出。一口咬下去，其香无比。今天在徽州，无论城里还是乡下，苞芦馃都是很难遇又很难求的了。那些专做徽菜的酒店，也不屑于这等而下的纯民间食品。即便是出一分价钱，让村里的老乡专门烙几个，那滋味、那感觉、那心境，还能与当年同日而语吗？

徽式炒面

与臭鳜鱼、红烧马蹄鳖和清炖石鸡这些徽菜的“经典之作”相比，徽式炒面上不了台面。即便在自诩为老字号的徽菜馆里，也难觅它的踪迹。人啊，都是很势利眼的。我以为：一桌徽宴，几番山珍海味、水陆杂陈之后，收山之作当为一盘油光光的徽式炒面，佐以一钵薏仁甜米粥。有之，说不上画龙点睛；缺之，绝对是虎头蛇尾。

徽式炒面

炒面要好吃，首先面条要有筋骨、有韧性。传统意义上的座杆刀切面，只能在老一辈人“今不如昔”的感叹中耳闻。我记忆中的好面是从屯溪柏树街一家杂货铺里卖出的——那台以人工为动力的压面机天天生意兴隆，老板也日日欢欢喜喜。机子终端的那位面师傅身手不凡，当面条瀑布般地涌出时，他两手娴熟自如、松弛有度地将其断之，一束就是一斤，长短相当，一甩手，在空中盘成一圈，稳稳地落在圆圆的大篾匾里。里面的活还没做完，外面来称面的店家已排起了长龙，绝对是“零库存”。当然，炒面要想让人大快朵颐，颊齿留香，当家的还是它的配料。上等的配料有开洋、木耳、瘦猪肉、火腿、新上市的冬笋，都是要切得细细匀匀的；中档的则是瘦肉、干笋丝、青红辣椒；再次的就是“素面朝天”了，和尚也是可以吃的。无论哪一档，有一样配料都是不可或缺的——五城的豆腐干。平心而论，天底下形形色色的豆腐干吃过不少，讲鲜美，无有出其右者。

徽式炒面秉承了徽菜重油重色的传统并在重油上发扬光大——这也许是它今天遭到人们冷落的原因之一吧。此一时彼一时，当年人人的胃肠都缺荤少油，一盘油水颇重的炒面无异于冬天里的一把火。炒面的过程是很有些气势的：店家在堂口最显眼的地方支起一口直径一米的生铁大锅，下面柴火熊熊。几大勺油啪地就泼进了烧红的锅底，嘶啦一声，至少十斤面条就零距离地接触了滚滚热油。胖乎乎的大师傅一手执锅锹、一手执两尺长的筷子，有节奏地上下翻搅，并间隔泼水焖之。待到八成熟时，先行备好的配料依次而下。最后，一把青翠的大蒜叶洒将下去，宣告功德圆满。此时，师傅会用锹把锅沿敲得响彻半条街，而四溢的香气则引来食客无数。你可以迈着方步踱进店里，在四方桌边的条凳上坐下，花一块钱叫上一盘，店家会立马免费送来一碗飘着星点葱花的麻油汤；你也可以打一钢精锅回去，家里能干的主妇一定熬好了一大锅又热又稠的绿豆稀粥，炒好了一碟雪菜毛豆。一家人就这么有说有笑、有干有稀地吃着、喝着，当年的“小康”大抵如此。卖完柴的山里人则端着盘子，站在店堂口，风卷残云地扫荡之。然后拔开扁担头挂着的竹水筒的塞子，咕咚地下去几大口。抹抹嘴，一副心满意足的样子。回去后，在村里就这样炫耀：“当头”（方言，指中饭），在城里的馆子店里吃肉丝炒面了，透鲜。

当然，经常在店门口驻足的还有我们这些小学生。在上学放学的路上，我们多少次受着诱惑，但手心攥着的几个钢镚子，又使我们心有余而力不足。有一天，当我们也人模狗样地坐在条凳上，直面那盘金黄黄、香喷喷的炒面时，我们才突然发现自己已经长大。如今，那炒面店已变成了一家洋里洋气的西餐厅，隔着透明的落地玻璃窗，可以看见和我们当年一般大的孩子，正在父母的呵护下，津津有味地吃着炸薯条和汉堡包。

吃　面

我乃南人，却喜欢吃面条，各方口味，辣咸酸淡，皆能来者不拒，兼收并容。

不知道是我家哪代祖宗立下的规矩：大年初一中午，必须吃面，一家老小，男先女后，每人一碗。那面清汤清水，不深不浅地盛在蓝边白瓷碗里；上面的浇头也是多少年不变的：冬笋肉丝，厚厚的一层铺陈上去。我发现老祖宗的做法很有道理，年三十闹到下半夜才睡，且又装了一肚子的酒水，岂能再大鱼大肉伺候？我们一般日照三竿起床，漱洗完毕，一身新衣服从头到脚地穿好，一碗香喷喷的面端起就吃，完了嘴一抹，就人模狗样地出门拜年了。我每每拿起碗，都要端详墙上泛黄的老照片，老人家正慈祥地注视着我，当然，也在关心着子孙是否承继着传统。吃面变得庄严肃穆起来，有了慎终追远的意蕴。

以后到上海读书，胃口出奇的好，尤其是那苦读的夜晚，书上的亚当·斯密、凯恩斯、价值规律之类总要和红烧大排、酱爆回锅肉重影叠加。尽管是裤袋里没几毛钱的穷学生，校门口对面的那家小吃店还是要去坐的，当然只能点一角钱一碗的菜汤面吃。面呈宽扁状，事先蒸过，有筋道；那青菜总是碧绿的，汤里的几块猪油渣，把味道调得香浓醇厚。每每带着满足回来，都要在大草坪上仰望一阵子星空，想一些八竿子打不着边的事情。

兰州拉面闻名遐迩，清代张澍有对联盛誉之，上联：马家大爷美名播远方莫怪众人称天王；下联：牛肉汤面贵客经门外难禁嘴角流口水；横批一个字：香。文字大俗，却有诱惑力，让人很心驰神往这塞上古城的美食。所以一到兰州，就想着要去吃正宗牛肉面。第二天一大早，几十个天南海北的食客，为了一个共同的目标，由一辆大巴拉着，在狭长的兰州城走了一个多小时，来到一家真叫“马家大爷”的面店。说全城四五千家数它最正宗，可能有一些夸张，但确实体现了兰州拉面一清（汤）、二白（萝卜）、三绿（香菜蒜苗）、四红（辣子）、五黄（面条黄亮）的特色。肉香与蒜香构成的浓烈、萝卜与辣椒搭配的色彩，面之韧长、汤之鲜美，那一大海碗牛肉面，就成了永远不能忘却的记忆。现在中国的每一个城市，兰州牛肉面馆遍地开花，且以马字开头居多，吃来吃去，难觅那一份味道。孤单单的几小丁牛肉，藏匿在咸辣的面里，得要用筷子寻觅几度。不久前去北京学习，餐厅中午有兰州拉面，一位面相富态的小伙子笑盈盈地将一团团面娴熟自如地拉细拉长，投入沸腾翻滚的水锅里。配料一应俱全，特别是牛肉敞量供应，切得纹理正确，模样大气。喜爱者颇多，大家谦恭有加地排队、移步，五分钟就能搞定，即便有一而再、再而三者也能满足。可惜每周只有一回，我记住了周儿，并在早餐有意识地吃稀的，可最多只能下去两碗。

今天，面条的档次，在很大程度上取决于盖在上面的浇头。据说，一碗顶级的鱼翅面，可卖到几百元，纯粹是吃排场了。上海的阳春面当属另类，两段青葱浮在上面，还美其名曰：青龙过江。去年清明时节，我曾在皖南的山里转悠，冷雨纷纷，饥肠辘辘，哪有心情欣赏那诗情画意的桃红柳绿，只是渴求一碗热汤面暖暖身子。老乡略加指点，我便寻到了一家路旁小店。有意思的是，它不卖酒菜米饭，只有馒头与面条。六个人已在条凳上坐等，想必都是吃面的一族。我要了一碗炒鸡蛋汤面，然后就听他们扯乡间的逸闻俚事。不一会儿，七碗热腾腾的面已在四方桌上摆定，坐北朝南的只有一碗，上面覆盖着一层金黄灿烂；其余三方皆置两碗，都是清汤寡面。众人站着向我行注目礼，那意思是再明白不过的：五块钱一碗的城里客先坐。我有点不安了，此地还有这等古风？赶紧落座吃将起来，那几位也一语不吭地坐下，然后是一片宏大的喝呼吞咽声。一桌人头抬头低，此起彼落，那模样真像过去乡村水碓房里往石臼里舂米的舂头。

奥 灶 面

前年到宣城，朋友请吃饭。主客济济一桌，杯盏交错，快意酒肉，相谈甚欢。末了，每人上面条一份，聊作主食。汤为红汤，面如银丝，碗浅口大，面整齐划一沉浸汤中，甚是清爽。众人吃了皆欲罢不能。主人连连拱手致歉：敝店客多面少，要添是没有的了。我以为浅尝辄止留个念想也好，只是没听清这面的名头。

第二天的早餐是自助，我漱洗毕便进餐厅。白米粥、油条、锅贴，佐以咸鸭蛋与香菜杆，还是很受用的。我吃完正待起身，朋友气吁吁地来了，说是要来陪我吃早饭的，可车在路上堵了。我忙表示承受不起并曰饱矣，且劝其赶快用膳切莫空腹相对。他不自助却要面一碗。服务员应声而去，几分钟后，捧托盘至。一海碗置上，内盛红汤银丝面，与昨晚无异。他邀我也来一碗，我却言不由衷地婉拒，只能看他很响亮地开吃了。服务员又送来两小碟，一碟酱牛肉，色泽纯正，纹理清晰，模样坚挺；一碟腌生姜，白中泛黄，块大肉细，莫非就是闻名遐迩的“铜陵贡姜”？实在诱惑了，我明显地感觉到口里分泌物的不可抑制，唯有借故走人才是。待朋友吃喝完，我问他此面称谓如何？“奥灶面，奥林匹克的奥，老虎灶的灶。”我奇怪这洋、土二字的组合，未能细究；只是想今日吃面未遂，何时再能如愿。朋友又说：“这里的不地道，江浙那边才是正宗的。”

这些年，南南北北走了一些地方，也领略过一些面条。诸如兰州的拉面、西安的臊子面、上海的阳春面、北京的炸酱面、吉林的冷面、山西的擦面……终归是孤陋寡闻，如此好吃的奥灶面居然不晓得。于是在网上做功课，才知它绝对是中华老字号，传说还是乾隆皇帝三下江南时赐名的呢！一次微服私访，饥饿难忍，就在路边一个小面馆里吃了一碗面，也许是他

奥灶面

实在饿急了，也许是这碗面确实鲜美，吃得乾隆龙心大悦，当面询问：这是什么面？小面馆的老太太说是家里不上台面的鏖糟面。乾隆金口一开，赐名“奥灶”。大凡一道菜，都要找一个高贵的来头，扯上皇帝老儿更好，乾隆风流好吃，喜欢到民间走动，归于他名下的自然最多。比较可信的说法是此店开张于咸丰三年（1853年），其前身叫“天香馆”。因为经营不善，债主赵三老太将它交给绣娘陈秀英经营，改名“颜复兴”。心灵手巧的陈秀英本来擅长精细小吃烹调，精心烹饪制作的红油面果然非同凡响。只有三张半桌子的小面馆，顿时食客盈门，名声四扬。“奥灶”两字源于昆山方言“懊糟”谐音，意为肮脏不整洁，因该店堂屋破旧简陋，桌凳放置随便，土灶炊烟弥漫，店主油渍满身，如同今日的大排档。奥灶源于懊糟，未免龌龊了一点，好事者就望文生义，将其诠释为奥妙在灶头上。真是牵强附会得可以。

正宗嫡传的奥灶面馆坐落在昆山市内亭林路上，尽管馋，也不能驱车几百里去吃一碗面吧。其实吃的就是味蕾上的感觉，味好便好。茅台遍地都是，喝者陶醉其中，有几人能酌到真货？前日去苏州，早晨去宾馆对面一小店吃红油汤面，也是打着奥灶的名头。感觉不错，就与老板胡聊乱侃。他告诉我下榻处便是全苏州做奥灶面最好所在。回到宾馆，果然见一楼大堂有大幅招牌：本店奥灶面，面面俱到。第二天满怀希望空着肚子去感受，却是相当一般。桌对面的一老者看出了我的失望，慢条斯理地说出：今不如昔，徒有虚名。他告诉我奥灶面汤是至要，分红汤白汤。红汤用熏青鱼作浇头，白汤的浇头是卤鸭腿。程序是很讲究的，如用青鱼，从捕捉、宰杀、洗涤，要做到“鱼不落地”。鱼汤和鸭汤分别加上嫩鸡、鲜肉、骨头煎煮来吊熬，煨制过程中再加点丁香、茴香、大料、葱姜、黄酒，这样做出来的汤岂不要“鲜掉眉毛”?！今天哪有这样的工夫。还要注重五热：“碗热、汤热、油热、面热、浇头热”，一样都马虎不得。如煮面的火候，面只煮到九成熟，捞到热碗盛的热汤内，端到客人处备用。更讲究的还要筷热呢！他说完，丢下一句：还是到昆山去吃吧，竟离座悠然而去。我目送之，怔然了好一阵子：苏州街巷悠长，庭院深深，潜隐着多少老饕。此公莫非陆文夫《美食家》笔下的朱鸿兴一类？

裹　粽

徽州人称粽子为裹粽。至今还没有考证清楚的是：这一方水土上的人们，为何不在端午，偏偏要在春节忙碌此物？

乡村是以杀年猪拉开过年的序幕的，那村前庄后猪们此起彼伏的嚎叫，把年味渲染得越发浓厚。然后是点豆腐、做糖、蒸包子馒头……城里显然没有乡下那么多的繁文缛节，花生瓜子是要炒的，新衣服也是要做的。凡事总有大小巨细，裹粽恐怕“唯此为大”了。大约在小年前几天的一个晚上，发黄的电灯泡下，当家的她（他）开始商量过年的大事。第一件当然是裹粽了：今年下多少米？是否还是豆沙、板栗、红枣、猪肉几个品种？何日动手？几时收工？算算钱，唉，又出现赤字了。搔搔头，叹口气：到单位互助金里借二十块吧，手头再紧，年还是要过的。一旁低头做寒假作业的孩子不知当家的艰难，早已窃喜阵阵了，能听到缺油少荤的胃肠在快活地蠕动，并用前不久学会的四则运算，飞快地估出了今年落入自己肚里的裹粽数，只是装模作样地不作声。

裹粽是一个系统工程，那是需要全家齐上阵的。孩子们一改平日里的懒惰，欢欢喜喜地做起分在自己名下的活儿。最不受宠爱的那个自然被打发去洗粽衣了。一扎扎三四寸宽的大竹叶在井水中浸泡了几天，容颜已变得绿绿的。一番洗浴之后，更显得青葱可人，像是刚刚从雨后的竹林里采来。两只手尽管冻得通红，但冬天的太阳是暖暖的，想想渐行渐近的口福，孩子的心田大概也像湛蓝的天空一样晴朗吧。裹粽的味道最终取决于里面的核心——肉粽须用上好的猪腿肉，在料酒、酱油中浸泡得入味；甜粽的豆沙须在颗粒饱满的红豆里挤出；板栗要风干；蜜枣要绵甜……这一切，都由能干的主妇一手操办，他人很难染指。最讲究的是“灰汁粽”，用草木灰滤水拌糯米而成。吃起来特别黏性，富有口感，属徽州裹粽的品牌。只是太费时费力，一般小户人家不敢问津。

徽州裹粽的形状很另类。枕头状，四只角尖尖的，长长的身子中间有两

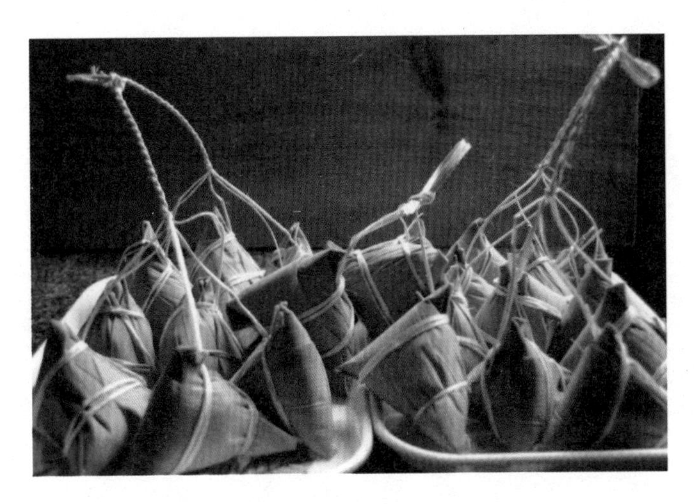

裹 粽

三道捆索，那是撕成条条的棕榈树叶。捆索扎得要宽紧适宜，老手出来的产品，一只只有棱有角、青翠苗条、有模有样。煮裹粽要锅大火旺，烧的是又干又硬的“柴老”（树根）。它的火是从中间发出的，呈均匀的团状向上升腾，既生动又稳重。负责烧火的一般也是孩子，倘若他曾读到一点《天仙配》《山野猎踪》什么的，看到火舌快活地舔着锅底，就会怔怔地发呆，想些仙女下凡、黄鼠狼成精的故事。冷不防，脖子上会不轻不重地挨一巴掌，“火是怎么烧的，晚上还吃不吃裹粽了?”调皮点的会找一本小人书断断续续地翻看着，并在滚烫的炭灰里偷偷塞进一个红薯什么的。冬天的红薯又绵又甜，拿出来吃热乎乎的，也算解了煮裹粽时的那个馋。

一锅粽子要煮两个多小时，最高潮当在起锅之时。锅盖打开，一只只异常饱满、“三围”凸现的裹粽被长长的火钳子夹出，置放在大蔑匾里冷却。赶快剥开一只，盛在碟中，急急地送往长辈的屋里。老人家发出了一句“味道不推般（不错）”，才算功德圆满，全家人也才可以欢欢喜喜地享受自己的劳动果实。剩下的事情就是修剪一番，用长竹篙把裹粽串起来，挂在厨房的梁上。用的竹篙越多、越长，一般这户人家就越殷实。裹粽一直可以吃到开春，最好的吃法是放在火篮上慢慢地用炭火烤，待到粽叶焦黄变脆、里面的油微微渗出，才剥之、食之。

大 头 饺

一日，一帮老乡聚会。酒酣耳热时，有人出了个“有问必答”题：当年我们生活过的那个小城里，最好吃的东西是什么？“大头饺”，大家居然异口同声地回答，真是心有灵犀一点通。于是，便扯出了一大串鸡零狗碎的琐忆，冷落了那一桌丰盛的菜肴。

这个众人认同感极强的大头饺其实就是馄饨。我们那里饺子馄饨是不分的，更无“抄手”“云吞”之说。大头，也就是当地一个做此营生的摊主。我上小学时的一天，家里人给了我一个搪瓷缸、一方干净的手帕和三角钱，去某街某处打一碗生大头饺来——父亲数十年的习惯是不出去吃东西，如此折中，看来此物是他的所爱。我屁颠颠地穿街走巷了二十分钟，终在一条巷子的中段寻到了这个大头饺。奇怪的是摊主的头一点不大，他四十来岁，个头不高，有点络腮胡子。额上由于头发少，显得很光亮，眼睛看上去总是眯着。整个大头饺的制作间就是一副挑子，活脱脱地像一个袖珍的“过街楼”。一头的上面是一口紫铜色的锅，中间隔开，一边是清水，一边是骨头汤。中层是一个口大膛浅的灶头，便于发火。最下一层用来放干柴。另一头的顶层搁着肉馅、皮子和包好的馄饨，往下是若干个开关很方便的小抽屉，置放着各色作料和调料，一应俱全。连接两头的是一块搁板，大小一样的蓝边海碗一溜放着。大头娴熟的操作就像变戏法一样，一招一式，利利索索，看得人眼花缭乱。片刻，一碗碗热腾腾、香喷喷的馄饨便端将出来。“我买生的”，袅袅热气后的大头接过我的钱后，迅速往搪瓷缸里放进各种物料，随后用手帕包了馄饨递给我。突然，他停下来，望了望我，眼睛也变得明亮起来，往手帕里又加了几个，说了句“路上莫贪玩”，笑着摆了摆手。那一笑很灿烂，很好看。三十多年了，我至今不能忘怀。父亲在家里慢悠悠地吃完后，颇有兴致地告诉我：这大头饺在当地可算是有名的小吃，很有些年头了。大头很勤奋，早晨起来自己擀皮子，然后去菜场买新鲜猪腿肉、剁馅、备料、熬骨头汤。下午一点开张，四点收摊，生意再好，也不超过一百碗。一般的馄饨摊子，是要自己挑着，敲着竹梆子，沿街叫卖的。大头牛气，硬是坐地卖，等客上门来，真是酒香不怕巷子深。父亲说的，我听了个大概，最后一句倒是熟记于心了：我吃的不算原汁原味，汤不是大头锅里的。

大头饺

于是，吃一碗真正的大头饺，在相当长一段时间里，成了我心头挥之不去的憧憬与渴望。我开始偷偷地存钱了，终于在一个秋高气爽的下午，人模狗样地走进巷子，如愿以偿。大头饺确实讲究，每碗十八个，装进海碗，不挤不疏，清汤清水。露出的，好似一汪湖水上的几个岛屿，还飘漾着几点青青的小葱。汤，自然是鲜得没法说，虾皮和切得细细的新鲜猪油渣沉浮其中。可惜我多撒了胡椒，香是香，也辣得够呛。殊不知，这黑胡椒可是大头从老街同德仁店里买来的正宗货。食客真不少，接踵而来的，大多带着殷殷期盼的表情；鱼贯而出的，则是一副心满意足的样子。大头依旧操作自如，有章有法，有条不紊。已经是下午了，熙熙攘攘来吃大头饺的，想必不是肚子饿了。况且，此物又不能用来充饥。图啥呢？小小年纪的我是说不清楚。多少年后，我终于明白了，这就叫享受。

又记：2005 年春节，与“大头”之子胡锦章先生在屯溪不期而遇。他供职于新安书画院，已退休。当年忙前忙后的少年帮手之状依稀可见。《大头饺》2002 年在《新安晚报》刊出后，胡先生读之，颇为感动，并曾觅我下落。兴奋之余，他告诉我“大头”家族史于一二。我亦知“大头饺”之来历：在计划经济时代，每天能得一猪腿、几斤面粉，当属来头不小，故人称为“大头饺”。“大头”已于1979年作古，其妻仍健在，八十有五矣。我进屋见之，并言“当年我可吃了你家不少饺子”。她怔怔地望我不作答，不知我是何方来客。临行，我送胡先生拙作《夕阳山外山》，内收有《大头饺》一文；他亦赠我国画一幅，上有红冠锦衣、昂首挺胸大公鸡一只。

热吃烧饼

梁实秋在《馋》中写了个馋老头，为了将吃剩的半个鸭梨做成一小碗温饽拌梨丝，居然夺门而出，在风雪交加的夜晚奔走一个小时。人的馋劲上来，几无可挡。二十年前，我们十余人也曾为赶到亳县去吃一顿烧饼为主的早点，不惜凌晨四点从阜阳驱车前往。那时没有高速，亦无雾霾，寒霜满地，所经村庄，惊起吠声一片。一轮冷月圆澄澄孤零零地在空中悬着，我们幽默：烧饼这么大就好了，但要热乎乎的。旭日东升时，我们已在烧饼铺里就着羊肉汤，啃着那个颇负盛名的烧饼了。分明是油酥饼，一咬，分崩离析，满嘴碎屑，扑扑地往下掉。不对我的口味，大呼虚了此行，于是便怀念徽州老家的烧饼。

“蟹壳黄”小烧饼

那是一种最朴素的发面烧饼，与当下当作旅游品卖得很火的“蟹壳黄”不搭界。面发好后，油滴少许，葱花是可以大把撒的，做成圆圆扁扁敦实状，身子浅浅地在芝麻里滚一滚，然后就进入烤炉了。烤炉大多由废汽油桶做的，还真适得其所，内里的一面贴满了饼，几分钟后，混合着葱香芝麻香面粉香的气味就从里袅袅出了。栎炭烧出的是文火，暗幽幽的挺低调，力道却是很足的。烤出的饼黄而不焦，软而不塌；看上去蓬松松的，咬起来又有筋道。一定要趁热吃，拿到手里要微微发烫，吃在嘴里方能余香满口。烧饼搭配油条，似乎是流行天下的吃法，所以烤炉与油锅总是联袂共现于一个店面。计划经济时代，在我居住的小城里，晨光曦微时，总有三条人排成的长蛇阵在细细地蜿蜒。一条在猪肉门市部，一条在豆制品店，一条则在烧饼油条铺。人们很有耐心，说说笑笑着近日市面上的逸闻趣事，移步缓行，一刻钟左右便可得手。有的立马就吃了，一根油条对折，往烧饼里一夹，咔嚓咔嚓起来，引得周边的人垂涎不已。末了，他拍拍手，扬长而去。这是标准吃法，烧饼的质量自不待说，油条黄澄澄香喷喷，炸得恰到好处。关键油是正宗的菜籽油，到时就换，不会百用不弃，更无地沟油一说。

我的童年、少年时代基本缺吃少喝。那时批判苏联修正主义，我对赫鲁晓夫总不大恨得起来，因为他说共产主义就是“土豆烧牛肉”，多美好啊！向往很丰满，现实却很骨感，即便是隔三岔五啃个烧饼都不可得。父亲单位有位杂役老W，每天烧饼当早点，一杯炒青绿茶，滚开的水泡得酽酽的、热气腾腾；两个热烧饼，坐在那把屁股一上去就吱吱发声的破藤椅上细嚼慢咽，一天就是这样美好地开始了。尤其是暖冬日子，太阳照在他身上，吃得很陶醉，眼睛都眯上了。这种状态，我要到几十年后才有。前年去皖北的泗县，朋友请吃，六菜一汤不喝酒。主食是烧饼，十几个殷实丰满白里透黄的家伙盛在柳条编的小筐里端将上来，刚出炉，还散着热气；每个边上还开着一道豁口，那是明白无误地告知你：填塞物由此进。何物可用呢？我正在桌面上找寻，服务员又端上了两盘：一盘卤牛肉，一盘生香菜。牛肉切得厚薄正好，冷却了，模样坚挺；香菜碧绿可人。把饼的豁口拉开，两块牛肉，几根香菜包紧。屏住气咬下去，热饼冷肉，构成一种奇妙的组合，全方位地调动起你的嗅觉味蕾以及其他，忍不住地赞美：泗县的烧饼真好吃！

其实，合肥也是盛产烧饼的地方。满街的下塘集烧饼让外埠的几无立足之地。某豪华商场的楼上有一门面现烤现卖，生意颇火，啥时去都要排队，半个小时也是经常的。为了舌尖上的这点享受，我们都变得很有耐性。一次，等候的时间太长，买到后就当场吃了。下塘集烧饼中间空隙大，咬开了口，一股灼热的气体喷涌而出，竟将我的嘴角微微燎伤，一周后才痊愈。

老 虎 灶

多少年前，小城里的人是舍不得用烧饭烧菜的柴薪来烧水的。于是，家家半大的孩子便有了几年这样的人生履历：每天拎着竹壳、搪瓷壳的水瓶，到一个叫作老虎灶的场所去冲开水。

老虎灶

为什么把一个烧卖开水的地方与威风凛凛、凶猛无比的“百兽之王”联系在一块呢？形似，还是神似？好像都不是。它给我的第一感觉是阴晦、幽暗，湿漉漉的，绝对没有什么“虎虎生气”。一个十五瓦的灯泡尽管在白天也晃荡在高高的屋梁上，橘色的光亮在水气的雾霭中，显得昏黄与浑浊。屋顶灰蓬蓬的，上面镶着几块明瓦，透射出几缕无精打采的光亮。进门须购水牌子，一分钱一个。牌子是用竹片做的，上面火烙了一个“水”字。不知被多少只手抚摩过，变得黝黑发亮。在灶台上搁下水瓶，须把牌子准确地投进一个小木箱里。打水的居然是一个和我一般大的孩子，正端坐在高高的灶台上，表情很严肃，一副苦大仇深的样子。他一手水勺，一手水斗很协调地动作着，基本滴水不漏。每隔一阵子，还要拔开一个木塞子，让上面大缸中的冷水流进锅里，那锅真大，直径至少有两米，烧起饭来，够百来号人吃一顿。我对他的技能娴熟自如佩服得不行，他两臂的肌肉也一定很发达吧，掰起手腕恐怕是无人可敌，这可是我们中间产生“孩子王”的基本条件啊！炉膛宽敞敞的，大口大口吞食着木器厂拉来的锯末，升腾着火苗，老虎灶之名是不是就源于此呢？最累的是那个挑水工了，水井在半里之外，两桶水足有一百多斤，进屋后还要上几个台阶，把水倒进大缸里。这方圆几里地人们喝的、用的开水都靠他一根扁担挑来，难怪不到中年，他的背已驼得像一张弓了。小腿肚上血管暴起，如同几条大青蚯蚓在爬着。相比之下，那位在门口卖水牌的中年妇女真是太轻松自在了。她一边漫不经心地卖牌子，一边磕着香瓜子。那瓜子用一方花手帕兜着，放在矮凳上，吃瓜子的速度很快，丢进去壳就出来了，噗噗地吐了一地。她还不时地与门外路过的男人说些我们似懂非懂、她（他）们又笑又骂的事情。

老虎灶在小巷的中间，巷口左侧是一个烧饼店。那烧饼是很有点特色的，当地人把它叫作“蟹壳黄”：五花肉丁与霉干菜羼在一起，面粉裹着拍成饼状，抹上菜油和芝麻，放到炭火炉里慢慢烤。那炭须是栎树或柞树的，质地坚硬、经烧，又有一股特别的香味。待到一面烤得焦黄、油微微渗出，便起炉了。退休的六爷每天早晨七点准时迈着方步进店，照例用一角钱买两个刚出炉的烧饼。然后用满是茶垢的瓷杯去老虎灶泡茶。杯是用祁门的粗瓷烧的，大得须用半勺水才行。六爷喝茶对茶叶不讲究，两三块钱的屯绿即可；水是一点马虎不得的，一定要滚开。他就坐在店里窄窄的条凳上，跷着脚，烧饼就着热茶，细嚼慢咽大半个时辰。我们常常拎着水瓶，站成一排，在门外呆呆地看着他，好生羡慕，然后把到嘴边的口水使劲地咽下去。也希望自己快快长大、变老，享受到六爷这份清福。

每天早中晚往返三次去老虎灶是很单调枯燥的，尤其是在寒风凛冽的冬天。地面冻得硬邦邦的，满街的屋檐下都挂着一溜尺把长的冰凌。两只拎水瓶的手冻得又红又肿，还皴开了口子。此时进老虎灶就想多待一会儿，灶膛中的火热烈又生动，大锅里的水沸腾又快活，一切都显得温情绵绵。夏天里面则很闷热，进去就想早早地离开。外面太阳很毒，知了在单调、不知疲倦地叫着，让人好生烦躁。离老虎灶不远还有一个大宅子，青砖的门罩，两边有石鼓，挂着黄铜门环的两扇大黑门始终关闭着。地基的条石缝间，垫着一块块铜板。不少孩子想入非非地想撬几块起来，却始终不能得逞。里面有一株好大的桂花树，大半个身子从高高的院墙里伸出。秋风一起，桂花香飘几里，一直延续到第一片黄黄的银杏树叶落下的时候。在这段时光，拎着水瓶，闻着沁人的花香，才觉得去老虎灶不是那么可厌恶。一进初中，我便正式结束了这段生涯。开学没几天，隔壁班来了一位新同学，竟是老虎灶打水的那位少年，他也脱离“苦海”了？我们在教室门口相视一笑，神情就像多年的老友重逢。

野　　吃

从前读《水浒》，固然欣赏梁山好汉们的杀富济贫，替天行道，亦向往他们吃喝的风度与做派。这不仅是在聚义厅里一帮子哥们一起大碗喝酒，大块吃肉。某好汉行至一路边小店，但见酒旗斜出，肉香飘来。他进门便嚷嚷：切三二斤肉，烫壶好酒来。末了，嘴一抹，一锭大银掼在桌上，头也不回地走人。每每读到此，击掌叫好，也潜移默化了在小店酌酒品肴的情结。当然，乡道村路旁最好，有野韵，有野趣，是为野吃。

一开放搞活，乡村小酒店便雨后春笋一样冒出，有的为招徕生意，竟让浓妆艳抹的小姐上路拉客。我等遇之，只能落荒而走。倒不是怕被麻翻后成了人肉包子，而是怕一旦被拖下水，做了苟且之事，那麻烦就大了。当下，此类现象几近绝迹，至于会不会被宰一刀，那就要看你的运气了。古风悠悠的酒肆已不可见，你只要留心去寻觅，或许还能品味到一缕绵长的古意。当你旅途人困体乏时，突然车一转弯，一粉墙黛瓦房舍赫然在目，门楣上书：古徽人家。那字写得颇见功底，很有些乡村老秀才的风骨。门口修竹如篁，樟树如盖，一溪清水绕屋而过。进门见得窗明几净，大厅敞亮，三五张方桌稳稳当当，桌的四方皆为陋实的条凳。中堂有年画和条幛，自然是喜庆热闹的福禄寿之类。推开后门，竟是一方数亩的大塘，微微涟漪，推着几片荷叶轻摇慢摆。好事者嚷着要点菜，就往灶间里去；其他人喝茶便喝茶，打牌便打牌，如厕便如厕。女主人春风满面，利利索索地配菜炒菜，忙得不亦乐乎；男人泡好茶端来瓜子就没事一样，站在柜台后面自己抽烟喝茶，等着我们吃饱喝足，结账付银子了。

我喜欢去菜园，看满畦的碧绿鲜活，顺手砍几颗白菜，拔几把芫荽，挖几个还没长成的红薯出来。实在闲得无聊了，就坐在门口的竹椅上，逗那只看家的大黄狗；或蹲在小溪边，数水草下藏着几条小鱼。有时也会自告奋勇去锅台炒菜，趁主人不备，做过几回多打个鸡蛋、多放几勺油的勾当。

野吃并不是打一枪换一个地方，认定了一个或数个菜，当然是田园味十足的，我们便成了铁杆的回头客。往返黄山，总要在宣城高速出口的那家土菜店吃饭，每次必点干锅鸡。土鸡剁块，与辣椒、蒜瓣共一锅端将上桌。边烧边吃，时间越久，其味越醇，然鸡之鲜嫩不减；那蒜瓣入口即化，浓香绵长。去多了，便与主人稔熟了，每次没进门，那声音就从里面抑扬顿挫出来：合肥客来了！口耳相传，吃客盈门，有时竟能在同一时间碰见几拨熟识的。有回遇见一位，似曾相识，紧紧握手，说了好一会孩子可好、身体可好的话，就是想不起他姓甚名啥。末了，待我去付钱时，他已把单买了，人走得不知去向。如今合铜黄高速已通，不走那条路了，那份口福也渐去渐远，那位颇具古风的朋友不知能否在另一个乡村酒店里重逢？

这些年，野吃给我留下不少颊齿存香的记忆。一钵虾皮炖萝卜片，清纯且清香，主要是萝卜的无与伦比。太平湖边的辣烧白鱼，鲜辣得一塌糊涂；至今还保留着店主送我的土制名片，那上面用楷书写着：何日君再来。休宁山里的狗肉火锅，绝对是冬天里的一把火；只是饭桌下有条毛茸茸的家伙在走动穿行，打扫战场。我很不以为然：这厮好不懂事，怎么啃自己同类的骨头？

我最喜欢在春天野吃：正是野笋与蕨菜茁壮成长的日子，腊月里腌下的肉亦起缸晒过。徽州那边的乡村酒店，真让我流连忘返。有一回，时值暮春，在屯溪吃了午饭往合肥赶，但见山平路坦，两边的竹林日见稀疏。我不免黯然起来：再吃小野笋炒腊肉，恐怕是一年后的事情了。见一路边小店，马上停车，唤起已午休的大厨点火炒菜，多给银子就是了。一刻钟后，上来油光光的一大盘，居然吃得干干净净。我想到了梁实秋先生在《馋》中写的那位亲戚，偶得一个鸭梨，已是夜晚，还要披衣戴帽，拿着碗，冒着风雪，行路一小时，为的是去做一份温饽拌梨丝。看来，世间此类人还是大大的有啊！

吃滚

徽州土话中，吃滚即为吃热且烫的有汤汁之物。“滚”字，足现徽州语言的传神与精到，还有一个“嘀笃翻”，更把“滚”之状态表达得生猛鲜活。

父亲是老中医，吃滚已近乎刻板，不知是祖传使然，还是养生必然。饮茶、稀粥、汤面……哪一样没到“嘀笃翻”，轻要板下脸，重则勃然大怒。类似者大有人在。我在年少时，每天在天刚蒙蒙亮时，便要提着两只水瓶去老虎灶冲开水。灶台上，总放着一溜子大搪瓷杯，壁上满是茶垢。执掌水勺的伙计把沸腾的水依次续上，茶叶在“噗噗”声中舒张、绽开，泛起有点黄的泡沫。水雾弥漫，几张饱经沧桑的脸庞在迷蒙中隐现。为了这头拨的滚水，他们多少年一以贯之，即便已步履蹒跚，老眼昏花，也决不轻言放弃。我家里有一大一小、造型陋实的炭火炉，春夏秋冬皆生生不息着暗红色的火。它绝不像大柴灶里的火焰那样张扬与轻浮，沉稳、内敛、克制，谓之“文火”，有点暗合了传统徽州人的气质与禀赋。

大炉子主要用于烧水烧饭；小炉子形象古拙一些，外壁还雕刻了松梅竹兰什么，直径一尺的大砂锅置于其上亦稳稳当当。它使我童年时代相当多的幸福与白菜豆腐联系在一起，并对之至今还怀有一种深深的眷念。当然，绝非是简单“乱炖”式的一锅烩，这最朴素的菜肴，做法也有讲究的，核心还是一个“滚”字。豆腐须是厚一寸、长宽各两寸的老豆腐，数九寒天置室外冻一宿；白菜则是打了霜的“黄芽白”，褪去两层外皮，活脱脱的如同那件国宝——翡翠白菜。砂锅里难有今天的鸡鱼做底，高汤沸腾，但一小撮虾米，若干个香菇也能把一锅清水提升到相当的境界。待到水滚开，将豆腐一切二放进；要滚得它洞眼绽开，白菜方可跟进。末了，加一大调羹新鲜猪油进去——那时可没有“三高”一说，不必担心胃肠承受不了。顷刻间，豆腐白菜被滋润得油光闪亮，成为筷争箸抢的对象。此时，桌面上若有一碟刚出坛的腌红辣椒片或腌韭菜更好，那红红绿绿的颜色真挑逗人的胃口，你势如破竹地下去了两碗米饭还能添。需要提醒的是，那灌满了汤汁的豆腐很“滚”，吃时得悠着点，小心烫到了口腔的哪一个部位。

即便那时的日子过得清淡如水，可供吃滚的菜肴也不止白菜豆腐。久不见荤了，用攥得紧紧的肉票割半斤里脊肉回家。切得薄薄，几近蝉翼，用芡粉兑好。吃法类似涮羊肉，但没有那么多的调配料。一小竹篾筐菠菜搁在桌上，不是高杆大叶的那种——给人感觉是喂牲口的草。棵小、紧凑、挺拔，头红叶绿，即便在锅里滚了三滚，捞出来青翠如故。萝卜可与五花肉片组合，佐以蒜段。这也是一道功夫菜，文火要把肉烧得入口即化，油浸润着的萝卜块，几近酥烂。萝卜一定要选头带青缨的水萝卜，脆中带甜，那股特有的地气总让人想到初冬打过第一遍霜的田野。

十余年的近朱者赤，近墨者黑，把我潜移默化为一个颇为坚定的吃滚者。譬如吃粥，即使在夏天，第一口非要烫嘴不可。一碗下去，周身通泰，上下舒服。到小吃店吃馄饨、吃水饺，一见主食未下锅，店家图省事已把汤碗做好，十有八九是要拂袖而去的。陆文夫先生《美食家》中的朱文治是个精通吃道的饕餮之徒，他的高论是烧菜最难在于放盐，一盐调百味嘛！我则以为相当多的菜肴（含小吃），须以“滚”为先。朋友请客，酒过几巡，每人上来一盅，主人请吃再三，该是酒席上的重头菜了。也许是搁久了，余温尚存，越是海味山珍，越有一股子腥乎乎的气味。浅浅呷一口，皱皱眉头就放下了。上海城隍庙的鸡鸭血汤本是我的最爱，正因为“滚”不如昔，只能移情别恋，与淮南的牛肉粉丝汤打得火热了。近读袁枚的《随园食单》，发现吃滚其实是很经典的。这位几百年前的大美食家就曾说菜肴的鲜美全在起锅时：“略为停顿，便如霉过衣服，虽锦绣绮罗，亦觉旧气可憎也。”此言甚是。

宣城之酒与茶及其他

第一次从徽州出远门，走出大山，孤陋寡闻带来的视觉冲击颇眩晕。好在有了宣城这一段的过渡与铺垫，路越走越宽平，视野亦越开阔；再往前，便是大江横陈了，“青山遮不住，毕竟东流去”。对宣城的最初具体感受是一碗菠菜鸡蛋汤。那时在上海读书，从屯溪坐汽车过去要十来个小时，两头黑的。特别是滴水成冰、满地白霜的冬天，一定要到宣城，饥寒交迫才一扫而光，且不说中午的阳光如何暖和，车站附近小饭店的那碗菠菜鸡蛋汤喝得你热血沸腾，脉络扩张，舒服得一塌糊涂。我不明白就一个鸡蛋，七八棵小菠菜竟能做出这等好汤，或许是此刻产生的边际效用使然。

这些年，来来往往宣城不少趟，发现此处好吃的东西真不少，山核桃、鸭爪子、蜜枣、香菜杆……一位朋友从宣城调出，时不时地大发感慨：嘴巴都要淡出鸟了！当你看到合肥满大街跑的公交大巴上李幼斌先生笑容可掬地举杯邀饮，还有那文化味十足的广告语：江南的、小窖的、绵柔的……你能不对“宣酒特贡”怦然心动？当一帮子文人雅士要去感受宣城的历史文化，要去看这酒这茶是怎么做出来的，我能不欣欣然尾随之？

暮春江南，没了杏花春雨，却是绿肥红瘦。宣酒厂乍看上去，乃徽州大户人家一豪宅。粉墙黛瓦，山墙逶迤，长廊迂回，楼阁巍然。醒目处有一雕塑，为古装老翁。来前，我是恶补了一下宣城文化，知此为宣酒鼻祖纪叟。李白当年与他交情甚厚，七次到宣城，恐怕也白喝了不少酒。他死了，李白很伤心，诗写得悲切："纪叟黄泉里，还应酿老春。夜台无李白，沽酒与何人。"诗与酒的结合，深深影响了中国的文化形态，酒香绵延，穿越时空，我们的文化才有了那份空灵、不羁与洒脱！即便面对诗仙的萍踪浪迹，我等也万万写不出诸如"酒入豪肠七分化作月光，剩下的三分啸成了剑气，绣口一吐就是半个盛唐"。但我们却也有点微醺了，那边小窖正在出酒，满院香飘呵。

小窖已被定为国家级的"非遗"，堪称文物，还在不辞辛劳着，满足当下人们的口腹之欲。古为今用，老窖青春，那些依旧手工劳作的人们，出大力，流大汗，传承着千年不变的密术。汩汩流出的液体将被装瓶封口，且去窖藏，称作"年份"。在宣城的两天里，顿顿饭桌上都摆它的。有几位每每喝得面色酡红，豪气干云。我不胜酒力，只能向往"绵柔"而不能为之。有一种名为青草湖的黄酒，其味温和柔顺、醇厚绵长。我喜欢喝，径自独酌起来。看中了两味下酒菜——花生米与卤鹅翅。花生米颗粒小且饱满，表面呈暗红色，火候恰到好处，入嘴自然是余香颊齿；鹅翅卤得入味却不酥烂，且是活肉，当然更有嚼头了。只是桌子圆大，十几人比邻而坐，我之所爱转到跟前，颇费周折。索性将其大部拨入眼前盘里，就多吃多占一回。细品酒菜，从从容容地看他们打酒官司，一瓶酒也去了大半。

宣城的另一张名片——敬亭绿雪就产于宣城市敬亭山上，辞书上如是说：形似雀舌，挺直饱润，色泽嫩绿，白毫显露，嫩香持久，回味甘醇。喝茶是件雅事，当心静气平，从容徐缓。酒至微醺，若有一杯好茶奉上，实在很欢喜。可喝大了，上不了敬亭山，品着茶，"坐看归鸟静，月出半峰间"的境界更无从谈起。那就一杯清茶在握，离了酒桌，径自出门。外面草地茵茵，杨柳依依，不远处茶园列行有序，亦似摆动着的青龙。我、Z君与N君席地而坐，他二位皆平和温润江南文人气质，文亦如其人。阳光温和，天色蔚蓝，喝着敬亭绿雪，娓娓而谈些清明疏朗话题，胸中浊气尽排。微风拂面，有催眠之功，就地而卧，小睡片刻，羽化须臾。

米酒醉人

《水浒》里的武松一连喝了十八碗酒，非但没有酒精中毒，居然还上了景阳冈，打死了一只大老虎，这是什么酒量?！以后有人考证说，我们今天意义上的白酒，乃是元朝以后才有的，武二郎喝的，只是米酒而已。晁盖、吴用、阮氏兄弟智取生辰纲，在炎炎夏日里挑着酒担，坐在树荫下喝酒，看来也是此物。如果那个酒是白酒，怎么可能用来“消暑”“解渴”，做成了一番大劫财的营生?

陆游诗云:“莫笑农家腊酒浑，丰年留客足鸡豚。”腊酒，就是米酒。做客农家，鸡呀肉呀大概是年前留下的腌货，恐怕也包括挂在梁上平日里舍不得吃的火腿。酒可是新酿的米酒，满满地倒上一碗，浅斟慢酌，家长里短春忙冬闲地扯聊着，远眺山重水复，近看柳暗花明。此等境界，很让人向往不已。其实，我们过去曾多少经历过，只是太家常，尘封在记忆的深处几近湮没。小时候，每年春节前家里都要做点米酒的，这是我家过年吃上的三件大事之一，另两件分别是裹粽子与做芝麻花生糖。此活一般在过完小年后做。那时并无诚信一说，没人去搞假冒伪劣，街上买的酒曲都挺正宗。首先将糯米淘洗干净，用冷水泡四五个小时后放在屉布上蒸熟。蒸熟的米放在干净的钵子里，待温度降到30℃～40℃时，拌进酒曲，稍压一下，中间挖出一洞，然后在米上面稍洒一些凉开水，盖上盖，用旧棉被将其严严实实裹将起来，接着就是满怀希望的等待了。大家的心情都是忐忑不安的，毕竟是几斤白花花上好的糯米呵！大约一天多便可打开，但见小洞中已盈满酒汁，香气轻扬，用筷头蘸点尝尝，若味甜不酸就算大功告成了。赶紧放置阴冷处，这样会越来越甜，慢慢受用，其味绵长。

这种家制米酒的吃法很多，主要有：下汤圆，汤圆内里最好是黑芝麻的，不宜多，一碗有五六个飘浮其中便可；水铺蛋，烧得要嫩，蛋清脂白，蛋黄金黄。如若家境一般，则放山芋丁或藕片一同煮，也是别有风味的。我家喜欢在年三十煮上大大的一钵，父亲老人家亲自动手，加进秋天腌制的桂花糖，

米　酒

在炭火炉上，用文火慢慢地烧炖。整个下午，空气里都弥漫着米酒与烧菜混合着的香味，氤氲一片。我们则欢欢喜喜地奔进跑出，巴不得日头快点西移。当鞭炮此起彼伏地打成一片时，以父亲为中心，一家老小也围着方桌坐定。或许是爷爷嗜酒败了家业的缘故，父亲这辈子滴酒不沾，一年就在此时浅浅地喝一小樽米酒，舒展开常年紧锁的眉头，说些我们不曾知晓的陈年往事。我不懂什么叫品，只觉得米酒香甜可口，温温地喝着畅快舒服。几杯下去，没多久就开始晕热起来。听到邻家的孩子在门口叫，搁下碗就跑。那时没钱买许多鞭炮，一串得拆成一个个地放。借着酒劲，干些恶作剧的事情。如把鞭炮点着，从男公厕黑咕隆咚的窗户里扔将进去。一声闷响之后，总有些人拎着裤子跑出来破口大骂。我们则作鸟兽散，远远地躲在黑暗处窃笑。

成年之后，竟与米酒生分起来，改喝白酒，且喝大了。自以为到了巅峰，却来了个大跳水，从此一蹶不振。于是又改弦易辙，把盏米酒，并曰：软着陆，养性从养胃开始。也曾到乡下喝过几次，总觉一味偏甜，又不烫煮，下去颇生冷。酒都用长方形的白塑料桶装着，表面脏兮兮的，倒出来的酒好像也混浊起来。方便是方便了，却缺失了过去陶瓷罐古朴的韵味，记忆中那凸出的罐身上贴大红纸，上面正正楷楷地写着“酒”字，口子用黄泥和着稻壳严严实实地裹封着。酒也最好用一把祖传的锡壶烫着喝。这模样与情形，又好像是古书上写的了，如此向往，未免遗老遗少味太重。

喝 黄 酒

很喜欢柯灵先生写喝酒的一段文字：约几个相知的朋友，在黄昏后漫步到酒楼中去，喝半小樽甜甜的善酿，彼此海阔天空地谈着不经世故的闲话，带了薄醉，踏着悄无人声的一街凉月归去。当然，也十分向往丰子恺先生《湖畔夜饮》的情景，先生先前已喝了一斤酒，酩酊之余，老友来访，居然消解得干干净净。灯下对饮，把盏话旧，端上的四样下酒菜也是很馋人的：酱鸭、酱肉、皮蛋和花生米。窗外的西湖月色朦胧，轻颦浅笑，酒不醉人人自醉呵！

可以断定，柯丰两位先生喝的都是黄酒。他们都是浙江人氏，绍兴一带的黄酒历来鼎鼎有名，这里的人有事没事都喜欢喝几樽，在淡淡的醉意中，升腾出几分江南式的温恬与快活，文人笔下流淌出的文章，也是绵长雅致从容的。我的记忆里，与浙江相邻的故乡徽州，黄酒似不能成为人人杯中所爱，那时人们囊中羞涩，宁可就着几块五城豆腐干，去喝八角钱一斤的山芋干酒，也不问津口味淡寡的“黄汤”。确实，当年的黄酒，哪有今

一坛黄酒

天的醇厚爽口。几个月难买一瓶，一般是置之灶台，权且作为烧菜的料酒，与油盐酱醋为伍，解腥调味，上不了台面的。我曾试着抿了一口，其味苦酸，浅尝辄止足矣。老人的一句话我也记住了：此酒后劲大，喝过头了，不到半个时辰要发作的。

此话的应验当在十几年后，我已为人婿了。那年春节去岳父家吃饭，主客一大桌。连襟年少气盛，酒桌上打起了“内战”，非与我对垒不可。我不胜酒力，可也要争个面子。端上来的是整壶烧开的绍兴加饭，里面还有生姜枸杞。吃饭的蓝花碗满满地斟上，碗中的酒色泽橙黄透明，温香扑面，举起浅饮一口，但觉甘醇绵密，胃中升腾起一股暖意；再一大口，感到酒水顺势流遍全身，遍体舒坦；第三口双方都不示弱，竟把碗中酒一口干了，始觉骨骼关节全通，继而飘飘欲仙，最后如堕五里雾中，晕晕乎被扶着躺到西厢房床上。连襟也倒在了东厢房的榻上。二人隔墙，口里皆豪言壮语，大吹大擂，平生得意事尽数倒出，呈高度亢奋状。厅中一桌人算是开了眼界，岳父母恐怕也是叫苦不迭吧：怎么招了这一对酒鬼上门为婿，来年的日子怎么过？一个时辰后，东西厢皆平静下来，然后微鼾徐出。事后我方知，客人作别时，皆一一“瞻仰”过我们，我之神态相当安详。

以后去绍兴，见黄酒便自靡了三分。即便是到了咸亨酒店，曲尺柜台，方桌板凳，也只就着茴香豆，慢慢地品了一小杯，算是感受了一下上大人孔乙己的生活。当地酒风温和，你不喝，没人与你“感情深、一口闷”的。到一个饭店吃饭，大厅前方正中有一小舞台，十几桌开席后，上面演起了越剧，都是才子佳人的感情戏。用当地话唱说，我们也能听个大概，一边跟着后面喝彩，一边抿口女儿红、古越龙山什么的。菜无须多的，白斩鸡、卤鹅、熏鱼、霉干菜便可。戏唱完了，酒席也散了，相当地惬意轻松。

今年春天与朋友们去宣城，酒厂茶园一路走走看看，很散淡休闲。茶场的那顿饭引得众人一致追捧，菜好，酒亦好——上了一种名为青草湖的黄酒。其味温和柔顺、醇厚绵长。我喜欢喝，径自独酌起来，且从从容容地看别人喝白酒、打酒官司。散席后，被告知每人奉送两瓶青草湖，喜出望外，全然不做了忸怩之态。心里想着居家的日子里，如何做几道可口的小菜，慢慢受用这瓶中之物呢！

水果罐头

在今天的超市或其他什么食品店里，水果罐头一般是很难寻觅到的。它大都低调置身在不起眼的旮旯里，与猪肉罐头一类比邻——“同是天涯沦落人”。在乡村的杂货铺里，则更惨不忍睹，满身灰尘，怯怯地畏缩在货架的一个角落里，像个蓬头垢面的弃妇。

它曾经风光过。我生逢其时，多少也见证分享了一点它的辉煌。它创造的口腹之美，堪比周立波《笑侃三十年》里的麦乳精。能受用之，无异于今天大餐了一顿鲍鱼龙虾。小时候，我很长一段时间没有自尊与自信，学习不咋的，打架拳头不硬，也没什么力气。那年母亲从上海探亲回来，一家人去接站，我一眼瞅见她带回的东西里有水果罐头，四听，用花花绿绿的玻璃丝带扎着。我捧着沉甸甸的它在前头走，只觉得羡慕的目光齐刷刷地射来，于是就得意起来并相当的陶醉。那些天里，我一直可持续地趾高气扬，这并不完全是每天都能吃上一丁点罐头、喝上一调羹甜甜的糖水，关键是四听罐头里有一听是菠萝的。一样的水果罐头，品级与档次的差别却很大，就如同当下同是写作爬格子的，就有文学爱好者、作者、作家、著名作家之分。我们孤陋寡闻，只见过苹果、雪梨、枇杷罐头，已经是很珍贵的了；那菠萝，听说长在很远很远的南方，靠海的地方，外国人吃的。那些日子里，我的自尊自信指数呈几何级增长，在这山区的小镇上，能有几人有此口福呀！我常常盯着罐头里不太清澈的糖水里浸泡着的黄色片状物，想象着菠萝的原生态。它该长在高高的树上吧，枝繁叶茂，亭亭玉立；每每在春天到来的时候，面向大海，开着美丽绚烂的花……

那时当地有一个食品厂，开始做枇杷罐头，我们不读书，几百个小学生开进厂里剥枇杷，美其名曰：落实“五七指示”，学工。活不复杂，把枇杷剥皮，将中间的核子去掉，完成做罐头的第一道工序。这项工作的名头很伟大：出口亚非拉，支援世界革命。我们感觉很神圣，只是两天站下来，腰酸背胀；再就是手在水里泡得发白，脚丫子也开始烂了，那味道是很不受闻的。枇杷挺新鲜，黄澄澄的，于嘴馋的孩子们而言，充满了诱惑。Z同学意志不坚定，偷吃了“禁果”，虽属个别，影响极坏。于是小会说，大会讲，最到位的当属工宣队长所言：此事影响车间，车间影响我们厂，厂影响安徽省，省则影响国家，国家就要影响到世界革命。还好，没有提升到破坏消灭帝修反、解放全人类的高度，否则这孩子死定了。事后，Z在相当长时间里没人搭理，他沉默寡言地在角落里剥枇杷，像个另类。当一箱箱的枇杷罐头装车开出厂门时，我们齐聚在一边行注目礼，内心充满了庄严，就像送别战友开赴前线。不久，又听说“出口转内销”，枇杷罐头，当然还有其他品种一下子变得不那么奢侈，也光顾寻常百姓家了。它的衍生品——带盖的玻璃杯亦大行其道，镇上大大小小的干部一夜之间都用上了它，似乎也成了身份的象征。一开会，高低不一，满是茶垢的杯子在主席台的桌子上错落有致地放了一排，绝对是一道风景。

水果罐头

也许是怀旧情结的作用，我最近连吃了几个水果罐头，苹果、黄桃、荔枝、枇杷……与其他食品不同的是，它们的味道与当年相比并未递减，这使我颇感欣慰。超市里也挺浮躁的，许多商品不断推陈出新，把自己包装得五颜六色，闪亮登场，骨子里还是那么回事。唯独水果罐头，依然是素面朝天，不改旧妆，瓶还是那个瓶，盖还是那个盖。打量着它们，我有些钦佩了：这也是滚滚红尘中的一种坚守啊！同时我也无不担心：倘若再不与时俱进，此处恐怕几无立锥之地了。这一次，但愿不是永远的诀别。

做个饭袋

一日，与妻戏言：倘若在你老公我或做饭袋或成酒囊中择一的话，你意如何？她连连说：饭袋、饭袋。我无不认真地回应道：甘愿居家做饭袋，不想在外成酒囊。她听了相当快活，对我的觉悟与进步颇满意。

像模像样地做个饭袋，在过去那一段缺吃少喝的日子里，实属不易。一个月三十斤的口粮定量，内有百分之二十左右的山芋干、荞麦粉、老玉米之类的杂粮。一日三餐白花花的米饭，且能敞开肚皮吃，不能不说是一种奢望。那时住在十几户人家的大杂院里，其中张姓一户的厨房里有一敞膛大柴灶，上置直径两尺的大铁锅一口。户主经常得意扬扬地焖白米饭，一次足足下两斤米。饭香四溢，馋得我们直流口水。末了，还把用余火烤得焦黄的锅巴翘起，抹上红红的辣椒酱，一家大小嚼着它，咔嚓咔嚓地满院子转悠。我家的光景尚可，虽不能像张家那样豪迈与恣意，一年里也还可以婉约精致若干回。清明前后，小竹笋上市，腊月里腌的那一刀五花肉也被晒得通体透亮。两斤米，半斤肉丁，羼进几把成寸长的笋子。大半个时辰焖下来，肉丁几近融化，饭变得珠圆玉润，入口香绵。如此吃法，一年不复再有，退而求之的则是豆角焖饭、芋头焖饭，加几小块咸猪油块进去调调味，即便是吃了两大碗还要添。面食难得问津，吃顿饺子是稀罕事。有一年买来的面粉呈奶白色，蒸出来的馒头很发，吃起来很有韧道。后来才知道是从加拿大过来的。当时我对“老三篇”倒背如流，于是对这个相距遥远的国家又产生了一份敬意：当年白求恩不远万里来中国帮助我们打日本鬼子，如今上好的白面又漂洋过海地过来喂我们的肚子。

今天的吃饭与当年比，无论内涵与外延都不可同日而语。用钱锺书的话来说，是舌头以肚子为借口。饭就是一个“托”，吃者之意不在饭，而在于美酒佳肴。即便是比较纯粹意义上的吃饭，也有人开出几十道下饭的菜，林林总总，花团锦簇。当然，若干也是我们喜爱的家常：雪菜剁椒炒冬笋、榄菜肉碎四季豆……大街上，有了专门卖饭的饭店，牛肝菌火腿焖饭、奶酪姬松茸炒饭、香浓牛奶水果饭……那饭的名字就足以让你眼花缭乱，各种口味，老少皆宜。浙江蒋氏兄弟创办的丽华快餐，把送盒饭做成了专业，仅北京市场的年营业额就高达2.75亿元。据说，日本银座有一味盒饭，已卖到人民币一万多元的天价，真不知其中有何山珍海味？相当多的人为了味觉的享受或其他，把自己弄得赘肉满身，大腹便便，血压血脂升高。于是，又幡然怀念起了柴灶铁锅，袅袅的炊烟，朴素的米饭。艾略特似乎从哲学的角度对这种形而下行为的回归作了诠释：我们所有探索的终点，将到达我们出发的地方，并且第一次认识这个地方。

吃饭的世界很精彩，吃饭的世界也很无奈。尤其是今天，不少饭局已近于无聊，徒靡时间。回到家中或上山下乡吧，也许会帮助你找到吃饭的感觉。做了一天的革命工作，天擦黑才回家。餐桌柔和的灯光下，已有可口的一荤一素一汤在悄然候着。边吃边谈些散淡的闲话，然后用抓阄之类的办法决出洗碗之人，余者或上网，或看电视，很轻松地各行其是。前不久，走合铜黄，从太平湖的匝口下，沿老路直奔甘棠。秋意里的湖光山色，美不胜收。几十里路走走停停，挨到一农家吃午饭。我们自己动手，在主人家的那一菜地里，专挑有虫眼的菜砍。当然，山后竹林下面的冬笋得由主人拿着撅头去挖，那是个有技术含量的活。刚起网的小河鱼、道地的土鸡蛋、自制的豆腐……沾着泥土的萝卜、小菠菜在清澈的小溪里漂漂，变得水灵雪白碧绿；就搁点盐炒炒，吃起来田园风光十足。我们四个人，居然把四碟四碗吃得所剩无几。饭毕，就坐在洒满阳光的院子里，呷着茶，听鸡鸣狗吠，看对面山头红枫似火；盘算着来年桃花流水时，再来这里吃鳜鱼。

什么水煮什么花

我一直固执地认为，世间所有的菇，都是一朵花。

菌菇多隐忍呀，开在潮湿的环境里，甚至是深山老林，无人问津，寂寞独自开。有些菌菇的生命极短，三两天就化作一摊泥，来也匆匆去也匆匆。所以，这辈子，每个能吃得上菌菇的人，都不应该在生活里叹气，那么好的机遇都被你的“食欲”给逮到了，你还愁什么？

去皖南徽州，在山间的小道上，有村妇在兜售茶树菇，摊点旁，放着一只炉子，上面丝丝地冒着白气，那里面炖煮的正是茶树菇。看我们停下来，她赶忙拿出小勺，用一次性餐具给我们盛上三两根，捎带一些汤汁，让我们品尝。

茶树菇入唇，我就被一股香阵给击倒，我的味蕾在这种美食面前，丝毫没有免疫力，缴械投降。那菇真爽脆，那菌汤真幽香，好似经年的美味，自天上来，我们每个人都在品尝造物主的恩典。

村妇用手一指不远处那片山峦说，这些茶树菇全都产自那里。我顺着她手指的方向看过去，那片山，雾霭笼罩在半山腰，山上生长着密林，我仿佛看到茶树菇们，在密林里幽幽地安享自己的静谧光阴。

我是相信风水一说的，食物也与风水相关。这样的好风水，生长的茶树菇，定然也是错不了的。赶忙买上 2 斤，198 元，价格倒是适中，没有买亏。况且，在超市里买，未必有这样的野菇味道好。

茶树菇炒肉丝

收拾茶树菇，放进身后的背包，正欲前行。买茶树菇的村妇叫住了我，先生，慢一些，我这里还有一小瓶山泉水，你一定要带上。

我一愣。村妇旋即看出了我的犹疑，赶忙解释说，您不要误会，先生，这山泉水是免费送给您的。什么水煮什么花，煮我们这里的茶树菇，就要配我们这里的山泉水才好，否则，茶树菇不服你们那里的水火，味道煮出来不喜庆。

“不喜庆”，我还真是第一次听说，味道还有喜庆不喜庆的。难道茶树菇也有乡愁？

既然是免费的，瓶子也不大，我决定收着回家试试。带着试探的心情，我回到家里，用两个灶火煮起了茶树菇，一锅放了一些村妇给我的山泉水，一锅全部都是自来水。奇怪的是，放了山泉水的茶树菇很快熟了，没放山泉水的茶树菇足足要晚了半个小时才熟。两份茶树菇放了一样的作料，放在嘴里一尝，放了山泉水的味道爽劲，另一个如同嚼蜡。

我信了村姑的说法，茶树菇果真也有乡愁。万物有灵，一根小小的茶树菇也有自己的水土，何况在一个地方生长了几年、十几年、一辈子的人呢？

什么水煮什么花，什么吃食就服它自己脚下的水土。人呐，只不过是有思想的花朵罢了，因此，他们对自己脚下的那方水土依恋得更加厉害……